Do it
Fashion

Do it
Fashion

이영재 · 김민지 · 박한힘 지음

교문사

Preface
머리말

패션 분야는 학문 고유의 아이덴티티보다 유행에 따른 트렌드나 다양한 변화 추이를 더 중요시하여 자칫하면 기초적인 이론의 중요성을 간과하기 쉽다. 그러나, 본 저자는 1998년 처음 대학교수로 임용되어 강의를 시작한 지 20년이 된 지금 패션디자인에서 기초적인 이론과 형식이 얼마나 중요한가 깨닫고 있다. 지난 20년 동안 저명한 교수님들의 저서를 패션디자인 수업의 교재로 채택해서 수업을 진행해왔지만 이제는 나만의 학문적 견해와 해석에 따른 패션디자인 책의 필요성을 갈구하면서 집필을 시작하게 되었다.

4차 산업혁명 시대의 패션산업에는 창의적인 사고를 가진 디자이너가 필요하다. 창의적인 패션디자인을 하기 위해서는 패션디자이너로서 갖추어야 할 다양한 지식을 습득하고 이를 창의적인 패션디자인으로 활용할 수 있는 유연하며 입체적인 사고력이 중요하다. 이에 본 교재는 내용을 Chapter Ⅰ 패션디자인 개론, Chapter Ⅱ 패션디자인의 창의적 발상과 실행, Chapter Ⅲ 패션상품 기획과 브랜딩으로 구성하여, 학습자가 패션디자인에 필요한 지식에 체계적이며 유기적으로 다가갈 수 있도록 하였다. 또한 'Do it! yourself' 코너를 제시하여 습득한 지식을 능동적으로 활용할 수 있도록 하였다. 이 책의 가장 큰 장점은 바로 학습자 스스로가 책의 설명을 통해 습득한 지식을 스스로 사례를 찾아 실습해보는 데 있다. 즉, 'Do it! yourself' 코너는 다른 책이나 교재에서 찾아볼 수 없는 자기주도형 학습의 표본을 보여준다.

이 책은 패션디자인 전공 수업시간에 교재로 사용하기 적합하도록 구성하였다. Chapter Ⅰ 패션디자인 개론은 앞서 언급했듯이 패션디자인의 기초적인 이론과 형식의 중요성을 절감하면서 본 집필자 한양대학교 이영재 교수가 저술하였고, Chapter Ⅱ 패션디자인의 창의적 발상과 실행은 전 상지대학교 김민지 교수가 저술하였다. 김민지 교수는 홍익대학교 서양화과를 졸업하고 미국에서 7년간 텍스타일 디자이너로 활동한 경력이 있으며 현재 디자이너 브랜드를 운영 중이다. 특히 Chapter Ⅱ는 패션디자인을 단순히 상업적 디자인 행위에서 벗어나 창의적 발상으로부터 풀어나가는 과정을 차근차근 보여주고 있다. 이를 실행해 나가는 과정에서 복식사와 현대 패션의 사회문화적인 단초들을 이론적으로 제시하였을 뿐만 아니라 이를 평가하는 방법과 실행단계를 학생 스스로 시도해보고 평가할 수 있도록 하였다.

Chapter Ⅲ 패션상품 기획과 브랜딩은 계명대학교 박한힘 교수가 저술하였는데 영국 킹스턴 컬리지에서 수학한 경험과 국내에서 직접 디자이너 브랜드를 크리에이티브 디렉터로서 운영한 경험이 그대로 녹아있다. 이장의 패션상품 기획과 브랜딩 부분은 패션 마케팅 부분인데 왜 패션디자인 교재에 있냐고 질문할 수 있겠지만 마케팅이 고려되지 않은 패션디자인은 상품으로 생명력을 부여받는데 한계가 있다고 판단되기에 저희 공동 집필자 세 명은 꼭 있어야 하는 부분이라고 강조하고 싶다. 최근 패션산업체에서는 한 명의 크리에이티브 디렉터가 창의적인 디자인 능력은 물론이거니와 탁월한 상품기획력으로 패션 브랜드의 사활을 좌지우지하는 시대가 되었기에 패션디자이너가 마케팅 능력을 동시에 갖추어야 한다. 특히, 상품 기획뿐만 아니라 바이어의 구매 행동 패턴, 생산공정 및 재무, 회계를 포함한 경영 부분은 다른 패션디자인 교재에서 찾아볼 수 없는 실무 분야를 보여주고 있어 본 서의 자랑거리이다.

Chapter I의 패션디자인 요소 중 의류 소재 부분에서 디자이너 브랜드 듀이듀이의 대표이자 크리에이티브 디렉터이며 홍익대학교 조교수이신 김진영 박사께서 최근 패브릭의 트렌드에 따라 선정하신 정보를 활용할 수 있도록 도움을 주셨다. Chapter Ⅲ의 유통 부분에서는 유아람 MD가 한양대학교 섬유디자인학과(주얼리패션디자인학과의 전신)를 졸업하고 내셔널 브랜드의 패션 머천다이저로 7년간 근무하면서 석사논문으로 진행하였던 최근 패션 유통계의 옴니채널과 O2O를 요약해 넣어주었다. 이로써 변화가 빠른 패션계의 현주소까지 아우르도록 내용을 구성할 수 있었다.

이상과 같이 본 교재는 패션디자이너나 패션 머천다이저로서 습득해야 할 '패션디자인의 기초적인 이론, 창의적 발상과 실행, 그리고 패션상품 기획과 브랜딩'을 체계적으로 한 권에 담아내었으며, 창의적인 패션디자이너가 되기 위한 지침서로 활용되기를 기대한다. 마지막으로 이 책이 나오기까지 도움을 준 제자 김수지, 김혜숙과 홍익대학교 양지선 학생에게 고마운 마음을 전하며, 책을 사기보다는 커피 한 잔을 즐기는 요즈음 학생들에게 소장해도 아깝지 않은 책이 되도록 노력해주신 저를 포함한 두 분의 공동 집필자에게도 감사의 뜻을 전한다. 한 평생 교수로서 아내로서 엄마로서 살아가는 데 사랑과 도움을 아끼지 않은 남편 양채용 님과 두 딸, 친정어머니 김정옥 님께도 고마운 마음을 전하고 싶다. 세상의 진리요, 빛이신 하나님 아버지께 모든 영광을 돌리며 끝을 가름하고자 한다.

2019년 3월
안산의 겟세마네동산에서
대표 저자 이영재

Contents
차례

Chapter II
패션디자인의 창의적 발상과 실행

1. 창의적 패션디자인의 발상

2. 창의적 패션디자인의 실행

Chapter III
패션상품 기획과 브랜딩

Chapter I

패션디자인 개론

Do it
Fashion

OVERVIEW

패션은 대중이 선호하는 스타일, 현상을 지칭하는 무형의 개념부터 의복, 액세서리, 가방, 신발, 안경, 인테리어, 가요 등 유형의 개념까지 광범위하게 일컫는 단어이다. Chapter I에서는 패션의 개념부터 실제 패션산업체에 종사하는 다양한 전문직을 소개하고자 한다. 이 책의 주된 목적은 의복을 디자인하기 위한 지침서이므로, 패션에서 시작하여 복식으로 그 범위를 차츰 좁혀 내용을 전개할 것이다.

복식의 착용동기를 살펴보면서는 우리가 패션디자인을 할 때의 출발점을 다시 한번 돌아볼 수 있다. 또 패션디자인 요소를 살펴보며 디자인과정에 꼭 필요한 부분의 핵심을 자세히 설명한다. 즉 의복의 실루엣, 형태, 명칭, 색채, 소재를 다루는 데 Do it! yourself 코너를 삽입하여 학습자가 자기주도적으로 학습효과를 높일 수 있게 구성하였다. 특히 소재 부분의 내용을 통해, 최근 국내 어패럴 산업체에서 많이 사용하는 소재에 관해 설명하고 그 스와치를 학습자가 찾아 붙이도록 하여 실제 디자인을 유기적으로 해나가는 능력을 키우게 하였다. 이러한 내용의 구성은 패션디자인 비례 부분에서 확실히 나타난다. 마지막으로 II장의 실전 내용에 들어가기에 앞서, 디자인 콘셉트를 정하는 데 꼭 필요한 패션이미지와 감각을 설명하였다.

기존의 단행본이 일방적으로 전공지식을 전달했다면, 이 책은 교수자가 설명한 지식이나 사례를 학습자가 직접 찾아보고 고민하게 하는 과정까지 담아냈다. 이러한 내용 구성은 4차 산업혁명시대인 21세기에 꼭 필요한 창의적 인재 양성을 위한 PBL(Problem Based Learning)과 같은 교육적 패러다임을 갖추고 있다고 볼 수 있다.

1 패션의 이해

1) 패션의 정의

패션에 대한 정의는 분야에 따라서 학자에 따라서 여러 가지로 해석되지만, 보통 6개월 이상 2~3년 이내의 일정한 시기 동안 대다수의 사람들에 의해 채택되고 받아들여지는 패션의 스타일, 색채 등의 일정한 현상을 말한다. 패션은 우리가 흔히 지칭하는 의복, 패션잡화, 액세서리, 뷰티뿐만 아니라 인테리어, 건축, 문학, 대중가요, 영화 등 문화예술 생활 전반에 걸쳐 나타난다.

패션의 현상은 유행으로 나타나는데 유행(流行)은 영어로 패션(Fasion), 모드(Mode) 등으로 지칭된다. 패션은 선택의 단계를 밟지 않은 유동(流動)하는 유행을 말하고 모드는 어느 정도 단계를 밟은 조금 안정된 유행풍속(流行風俗)을 말한다. 모드는 프랑스어로 인간의 존재, 생활태도, 마음의 상태를 포함하고 있다. 그러므로 패션 유행 현상을 분석함으로써 한 시대를 살아가는 사람들의 근본적인 인생의 가치관 및 철학 탐구가 가능하다.

2) 패션의 전파과정과 주기

패션의 특성상 〈그림 1-1〉과 같은 전파과정을 갖게 된다. 삼각형 꼭짓점 부분인 첫 번째 FI 단계는 패션혁신자(Fashion Innovator)가 주도하는 패션의 출발점이다. 이들은 소수의 사람들로 다수의 일반 대중과는 다른 새로운 형, 새로운 스타일을 표현하기 위해 새로운 스타일을 창조·선택함으로써 유행현상이 시작된다.

두 번째 FL 단계에서는 FI 단계의 새로운 스타일을 패션리더(Fashion Leader) 몇몇이 받아들여 착용하게 된다. 시간이 지나면서 점점 많은 사람이 이 스타일을 채용하면서 새로운 유행이 확

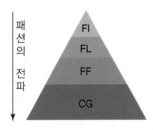

패션 수용의 단면

그림 1-1 패션의 전파과정

Fashion Innovator	(패션혁신자)
Fashion Leaders	(패션리더)
Fashion Followers	(패션추종자)
Conservative Group	(보수적 그룹)

대되는 것이 세 번째 FF 단계가 된다. 이때, 일정 기간 다수의 사람이 여기에 참가함으로써 유행이 완성되며 이들을 패션추종자(Fashion Followers) 집단이라 한다.

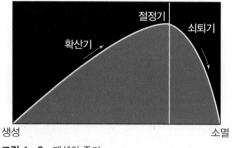

그림 1-2 패션의 주기

네 번째 CG단계는 이미 유행현상이 절정기를 거쳐 유행이 보편화되었을 시점에 이 스타일을 채택하여 오랜 시간 고수하는 후발 주자들인 보수적 그룹(Conservative Group)에 해당된다. 이들은 자신들이 선호하는 스타일을 쉽게 바꾸지 않고 오랫동안 고수하는 특징이 있다. 럭셔리(명품) 브랜드 고객들의 특성이 보수적 그룹의 특성과 일치하는 경우가 많아 보통 럭셔리 브랜드가 유행에 민감하지 않고 고유의 특성을 바꾸지 않는 것이 이러한 특성에 기인한다.

Chapter Ⅲ의 '2. 트렌드 분석'에서 위의 소비자 분류를 5단계로 구분하여 다시 한번 설명하고 있다. 패션혁신자는 트렌드세터로 패션리더는 얼리어답터로 패션추종자를 대중소비자 초기 중기로 나누었고 보수적 그룹은 패션무관심자로 일컫고 있으나 새로운 패션을 받아들이는 수용 태도에 따른 내용은 대동소이하다.

〈그림 1-2〉는 패션의 주기를 보여주는 것으로 복식이 갖는 특수성과 공통성이 서로 상호 작용하여 생성, 확산기, 절정기, 쇠퇴기의 과정을 거치며 포물선의 형태를 띠게 된다. 이때 가로축은 시간이 경과되는 흐름을, 세로축은 선택하는 사람들의 수를 보여준다. 즉, 유행의 생성과 확대, 유행의 교체는 복식이 갖는 특수성, 개별성, 공통성, 집단성이 긴밀하게 상호작용하고 있다. 이는 근본적으로 동일한 스타일이 반복되는 것에 싫증을 느끼고 변화를 원하는 대중의 요구에 의해 이루어진다.

3) 패션의 변화현상과 특징

패션은 가요, 사상, 언어 등 무형의 것과 의식주 등 유형의 것을 포함한다. 영국의 패션연구가 제임스 레버(James Laver)는 "패션이란 여성의 신체 부분을 차례로 노출시키거나 강조해서 충격을 주는 것"이라고 하였다. 같은 드레스를 유행하는 패션보다 10년 전에 입으면 천박해지기 쉽고, 1년 전에 입으면 모험적이 되고, 당시에 입으면 시크(Chic)하게 느껴진다는 것이다.

간혹 패션을 현대에 나타난 현상으로 오해하기 쉬우나, 과거 문헌이나 도판을 통해서도 당시의 패션을 확인할 수 있다. 그 예로 《후한서》에 나타난 마료의 상소에는 "궁중의 여인이 고계(高髻)를 좋아하면 백성은 이를 흉내 내어 높이가 1척이나 되는 머리를 빗어 올리고, 궁중의 여인이 눈썹을 굵게 그리는 것을 좋아하면 백성은 이마의 반이나 되는 눈썹을 그린다"라고 되어있다. 이처럼 지금으로부터 약 1800년 전에도 궁중 패션이 일반 백성에게 전파되었다. 궁정이 사회의 문화적 중심이었던 유럽의 500년 패션 모드(Mode)사를 살펴보면 궁정인이 명확한 패션리더였음을 알 수 있다. 당시의 시민은 패션추종자로서 그들과 비슷해짐으로써 만족을 느꼈다. 패션의 원래 의미는 정신적인 상태를 의미하는 것이었지만, 요즈음의 패션은 실루엣이나 소재, 색채 등 외형적인 변화를 추구하는 것으로 나타난다.

패션은 시기에 따라 복잡한 성격이 나타나며 규칙이 뚜렷하지 않다. 패션은 당대의 사회심리와 조화된 유행현상으로, 궁정시대에는 궁정인이 패션리더가 되고 궁전에서 유행한 스타일이 시민에게 전파되어 유행하였다. 궁정에서는 왕의 총애를 받던 인물들이 앞서 설명한 패션혁신자의 역할을 하였다. 대표적인 예로는 퐁탕주(À la fontange)형 머리가 있다. 이 머리는 프랑스 루이 14세의 애인이었던 퐁탕주 부인이 사냥터에서 바람에 흐트러진 머리를 손수건으로 묶자 이 모습을 본루이 14세가 아름답다며 찬사를 보냈고, 이튿날 궁정의 많은 여성들이 머리에 손수건을 매고 나와유행하게 되었다는 이야기가 전해진다. 퐁탕주 부인의 이름을 딴 이 머리는 리넨이나 레이스를 주름잡아 세우고 철사로 틀을 만들어 서게 받치고 리본으로 장식한 것이었다.

〈그림 1-3〉은 로브 아 라 프랑세즈를 입은 퐁파두르 부인이다. 퐁파두르 부인은 루이 15세의 애인으로 로코코 여성 복식의 꽃을 피워낸 여인이었다. 그녀의 패션스타일은 당대 여성들의 로망이어서 다들 따라 하기에 바빴다. 이렇듯 근세 여성복은 궁정의 패션리더들의 영향을 크게 받았지만, 바로크 시대에 널리 유행했던 파니에처럼 무대의상의 영향을 많이 받기도 했다.

현대에 들어서는 패션스타일이 상업주의의 영향을 많이 받게 된다. 20세기 초, "유행을 결정하는 사람은 대중 자신"이라고 한 폴 푸아레(Paul Poiret)는 패션디자이너와 패션마케팅을 시작한 최초의 인물이다. 그는 '천일야화'라는 제목으로 최초의 패션쇼를 열고 향수 등을 만들어 판매하는 등 오늘날 패션디자이너의 이름을 지닌 명품 브랜드들의 모태가 되었다. 다만 선구적인 작업을 하다 보니 상업적 성공을 거두지 못했고, 뒤이어 등장했던 샤넬이나 크리스챤 디올과 비교하면이름이 잘 알려지지는 않았다.

그림 1-3 로브 아 라 프랑세즈를 착용한 퐁파두르 부인

그림 1-4 로코코시대에 유행한 과장된 가발과 장식

유행 패션에는 과거의 복식이 반복되는 복고풍이 종종 나타난다. 1970년대 여성 패션에 1930년대 여성 패션이 재현된 것이 그 예이다. 1970년대 여성 패션에서는 성숙한 여성미를 추구하며 스커트 길이를 길게 하고 허리 위치가 제자리를 찾게 하는 스타일이 1930년대와 동일하게 나타났다. 또 1960년대에 유행한 미니스커트와 소녀풍 스타일은 1920년대 여성복의 소년풍, 즉 보이시(Boyish)와 같은 경향을 보인다. 복고풍은 레트로(Retro)와 거의 동의어로 사용되는데, 레트로와 민속풍은 패션의 내용을 충족시키는 요소가 된다. 레트로는 새로운 표현의 요구에 대한 충족을 과거 복식사에서 찾는 것이고, 민속풍은 지구촌의 나라별 민속의상에서 착안하여 이국적 정서를 띠는 것이다. 다시 말해 레트로는 역사적 회귀라 할 수 있고, 민속풍은 이국적 취미라 할 수 있다.

또한 패션이 확대되는 과정에서 개성을 무시하는 현상과 과장이 따르게 된다. 롱스커트가 유행할 때 조금 짧은 것은 짧다는 새로운 인상을 주지 못하지만 짧은 미니스커트가 유행하면 더욱 짧게 강조해야 비로소 짧다는 인상을 주게 된다. 또 다른 예로 로코코시대에 유행한 과장된 가발을 들 수 있다. 로코코시대 유행한 가발은 유행이 가속화될수록 크기가 커지고 가발을 꾸미는 내용도 매우 다양해져서 상상을 초월하는 모양이 나타났다. 이와 같은 현상이 팽배하면 개성은 무시되고 획일적인 스타일이 유행으로 나타나게 된다.

〈그림 1-5〉는 루이 16세의 왕비 마리 앙투와네트의 초상화로, 로코코 시대의 전형적인 패션인 과장된 헤어스타일과 드레스를 보여준다. 머리카락 색상이 흰 것은 당시 밀가루를 뿌리는 것이 유행이었기 때문이다. 당시에는 남녀 구분 없이 가발을 쓰고 그 위에 포마드 기름을 바른 후 밀가루를 뿌리고 다녔다. 나이가 많은 사람이 세상에 대한 경험이 많아 현명하기 때문에, 그것을 따라 현명한 사람으로 보이고자 했기 때문이라고 전해진다. 다만 포마드 기름의 접착력이 좋지 않아서 귀족들이 지나가거나 앉았던 자리에 밀가루가 하얗게 떨어져 있었다고 한다. 서민들은 빵을 구할 돈이 없어 굶주리던 시절, 귀족들의 이러한 행태는 사람들의 공분을 샀고 이는 훗날 프랑스 대혁명(1789)의 시발점 중 하나가 되었다.

오스트리아 공주였던 마리 앙투와네트는, 프랑스 왕가로 시집 온 후 프랑스 귀족들에게 계속 따돌림을 당하였다. 그녀는 이를 해소하고자 패션과 파티에 더욱 집착했으며, 이러한 일련의 행동이 결국 프랑스 대혁명 과정에서 단두대의 이슬로 사라지는 비극적 종말을 맞게 하는 결과를 낳았다. 그녀의 '훌륭한 닭'이라 불렸던 과장된 헤어스타일에는 유명한 일화가 있다. 1778년 영국과 프랑스 해전에서 승리한 프랑스 해군의 군함인 벨풀(Belle Poule), 의역하면 '훌륭한 닭'을 머리에 얹어 본인도 자랑스러운 프랑스 국민임을 과시했다[†]. 로코코시대 머리장식의 유행현상은 주제와 소재의 한계가 없었으며 과장된 형태와 디테일은 물론 내용이 정치적인 사건으로 확대된 것도 있음을 알 수 있다.

그림 1-5 과장된 헤어스타일을 한 마리 앙투와네트

[†] 이민정(2013), 옷 입은 사람 이야기: 입고 걸치는 모든 것들에 숨겨진 역사, 바다출판사.

당시 헤어스타일을 연출하는 데 사용된 소재는 무궁무진했다. 귀족 부인들은 헤어디자이너에게 세상 어디에도 없는 스타일을 요구했고 머리에 새장을 얹은 스타일이 나타나기도 했다. 이러한 헤어스타일은 완성에 며칠이 걸리고 비용도 많이 들어 한 번 연출하면 한 달 이상을 유지했다고 한다. 그러다가 새장의 새가 알을 낳기도 하고, 사람이 자는 동안 그 알을 먹고자 드나들던 쥐가 따뜻한 머리카락 속 공간에 새끼를 낳았다는 일화도 있다. 장식 대부분이 꽃이나 과일 열매 등 유기물이다 보니 썩기도 해서 악취가 심하게 났고, 비위생적인 상태로 지내는 일이 많아 자연히 프랑스의 향수산업이 발달했다는 설도 있다.

지금까지 살펴본 것처럼, 특정 패션의 유행은 문화권의 사람들이 가지고 있는 가치관 또는 미의식에 따라 천차만별임을 알 수 있다. 즉 패션현상에 대해서는, 우리의 가치관에 따라 기준을 세우고 그것과 다르다고 하여 편협한 시각으로 평가해서는 안 된다. 따라서 패션산업체를 운영할 경우에는 수출 상대국의 문화와 국민성, 관습, 풍습, 가치관, 기호 등을 면밀히 조사·분석한 후 디자인을 기획해야 실패하지 않을 것이다.

4) 패션사이클에 따른 용어 변화

패션사이클과 관련된 용어로는 패션(Fashion), 패드(Fad), 클래식(Classic)이 있다. 여기서는 클래식과 패드에 대해 소개하겠다.

(1) 클래식

클래식(Classic)은 패션 주기의 쇠퇴기에서 소멸되지 않고 오랜 세월 대중에게 꾸준히 채택되는 스타일이다. 〈그림 1-6~9〉는 샤넬(Chanel) 스타일, 청바지(Blue jean), 폴로 셔츠(Polo shirt), 트렌치코트(Trench coat)로 패션의 전파에서 보수적 그룹(Conservative Group)에 해당되는 사례들이다. 즉, 오랜 시간 동안 변치 않고 사랑받아온 클래식한 스타일이라고 할 수 있다.

그중에서도 1958년 디자이너 가브리엘 샤넬이 소개한 트위드 소재의 슈트(그림 1-6)는, 1960년대 초반 미국의 퍼스트 레이디였던 재클린 케네디가 애용하면서 널리 유행하였다. 이후 퍼스트 레이디 룩으로 불리며 공식적인 여성 정장으로 꾸준히 채택되면서 패션계의 클래식이 되었다. 라운드 네크라인의 카디건 재킷과 진주목걸이, 체인으로 된 트리밍 장식, 샤넬 라인 스커트가 특징이다.

청바지(그림 1-7)는 19세기 미국의 골드러시(Gold rush) 붐을 타고 서부로 갔던 리바이 스트라우스(Levi Strauss, 1829~1902)가 고안한 것이다. 청바지는 금광을 개척하던 광부의 작업복으로 시작되어 오늘날 대부분이 한 벌 이상 갖고 있는 아이템이 되었다.

또 다른 클래식의 예인 폴로 셔츠(그림 1-8)의 기원은 1920년대 테니스웨어로 거슬러 올라가며, 1974년에 영화 〈위대한 개츠비〉에 미국 디자이너 랄프 로렌이 피케셔츠를 선보이면서 폴로

그림 1-6 샤넬 스타일의 슈트

그림 1-7 청바지

그림 1-8 폴로 셔츠

그림 1-9 트렌치코트의 앞과 뒤

브랜드가 입지를 굳히게 된다.

트렌치코트는 트렌치(Trench, 참호)라는 말 그대로 겨울 참호 속의 혹독한 날씨로부터 영국 군인과 연합군을 지켜주기 위해 만들어진 옷이다(그림 1-9). 소재로는 코튼 개버딘(Cotton gabardine)이 주로 사용되며 통기성, 내구성, 방수성 등의 기능성이 뛰어나다. 주로 황갈색(Tan color)이나 베이지색으로 만들어지며 래글런 소매(Raglan sleeve)와 더블 요크(Double yoke), 어깨에는 견장(Epaulet)이 달려 있다. 또한 가슴 쪽의 비바람을 차단하기 위해 스톰 플랩(Storm flap)이 달린 나폴레옹 칼라, 바람의 방향에 따라 여며지는 컨버터블 프런트와 허리 벨트, 바람이나 추위를 막을 수 있게 만들어진 손목의 조임 장치, 커프스 플랩(Cuffs flap)으로 이루어져 있으며, 뒷부분은 주름이 잡힌 헐렁한 실루엣으로 되어있다. 1914년 제1차 세계대전 중 토머스 버버리(Thomas Burberry)가 영국 육군성의 승인을 받고 레인 코트로서 이것을 개발하여 일명 '버버리' 코트라고도 한다. 이 코트는 영국 육군 장교들의 유니폼이 되었고, 전쟁이 끝난 후에는 클래식한 패션아이템으로 입지를 굳혔다.[†]

(2) 패드

패드는 패션과 같이 생성, 확대, 절정, 쇠퇴, 소멸의 주기는 같으나 6개월 미만으로 짧게 나타났다가 사라지는 것이 특징이다. 〈그림 1-10〉은 2012년 7월에 발매된 앨범에서 싸이가 선보였던 노래 〈강남스타일〉의 패션스타일을 보여준다. 이 뮤직비디오는 최단 기간 1억 뷰를 돌파하며 전 세계적 신드롬을 일으켰다. 당시 싸이는 "옷은 부티나게 춤은 싼티나게(Dress classy dance cheesy)"라는 슬로건을 내걸고 〈강남스타일〉이라는 노래와 함께 단기간에 자신의 패션스타일을 유행시켰다. 2012년 핼러윈데이 때 미국에서 가장 많이 팔린 옷의 스타일일 만큼, 패드의 전형을 잘 보여주는 예이다.

그림 1-10 〈강남스타일〉의 패션스타일

© Kathy Hutchins/Shutterstock.com

[†] 네이버백과사전, 패션아이콘: 트렌치코트 2015.7. 1. http://navercast.naver.com

싸이 신드롬에 이어 대한민국 대중가요사에 한 획을 긋는 사건이 등장한다. 2017년 5월, 미국 빌보드 뮤직 어워드에서 압도적인 표 차이로 저스틴 비버를 제치고 소셜 아티스트상을 받은 방탄소년단(이후 BTS)의 전 세계적 인기가 바로 그것이다. 이들은 전 세계에 대한민국을 알리는 데 삼성이라는 브랜드와 함께 혁혁한 공을 세웠다. 이들 노래의 가사를 따라 하고자 한글 공부를 하는 현상이 세계의 팬들 사이에 번지고 있으며 대한민국은 BTS의 나라라는 인식과 함께 이들의 발자취를 더듬기 위한 관광객의 수가 증가하고 있다. 현대경제연구원은 BTS 효과로 한국을 찾는 외국인 관광객의 수가 79만 명 늘어난 것으로 추산했다.[†]

그들의 뮤직비디오 유튜브 조회수는 2019년 2월 기준 50억 회를 넘었고 1억 회를 넘은 뮤직비디오만 16개가 넘는다. 이들이 신곡을 발표하면 전 세계 73개국에서 아이튠즈 1위를 동시에 달성한다. 2018년 5월에는 2년 연속 빌보드에서 소셜 아티스트상을 받으며 명실상부 세계적인 SNS 스타로 부상하였다. 2018년 6월과 9월에는 그들의 앨범 《Love Yourself 傳: Tear》와 《Love Yourself 結: Answer》 앨범이 외국어 앨범 최초로 빌보드 200차트 1위를 1년 안에 두 번 달성하는 전무후무한 기록을 세우고 11월에는 아메리칸 뮤직 어워드에서 소셜 페이보릿 아티스트상(Favorite Social Artist)을 받았다. 2019년 2월 그레미 어워드에서는 주요 부문 시상자로 초청되어 미국 대중음악계의 3대 시상식에 아시아 가수 최초로 등장한 업적을 남겼다.

특히 10대와 20대 등 앞으로 주역이 될 세대들에게 세계적으로 절대적인 인기를 얻고 있어 그 영향력은 향후 한 세대 이상 지속될 것으로 보인다. BTS는 대한민국 K-Pop의 선두주자로 인식되고 있으며 '공장식 찍어내기'라는 비판을 받는 다른 K-Pop 아이돌과 달리, 자신들만의 서사를 통해 그들의 스토리를 구축하고 "Love Yourself"라는 메시지를 전 세계 팬들에게 전달하면서 독보적인 보이밴드로 자리매김하였다. 그들은 음악적 히트 외에도 유니세프와 공동 자선 모금에 나서는 등 사회적으로 긍정적인 영향을 끼치는 아티스트로서 활동하며 UN 연설을 하고 〈타임〉 글로벌판에 차세대 리더로 꼽히기도 하였다.

BTS의 신드롬에 가까운 전 세계적 인기는 아시아를 넘어 북미, 남미, 유럽, 아프리카까지 확대되어있다. 그들에게 절대적인 지지를 보내고 있는 충성도 높은 팬클럽 '아미'도 전 세계에 분포되어있다. 본 서에서 방탄소년단을 언급하는 이유는 BTS의 패션 또한 전 세계 언론과 팬들에게 지대한 관심의 대상이 되고 있기 때문이다. 그들의 뮤직비디오 및 공연 영상을 보고 팬들이 올리는 리액션(Reaction) 영상을 보면 음악이나 춤 외에 패션에도 찬사를 보내고 있는 것을 알 수 있으며 이러한 현상은 한국 패션계의 위상을 높여주리라 기대되는 바이다. 2018년 9월, 미국 인기 아침 방송 〈굿모닝 아메리카(Good Morning America)〉 출연 당시 입은 무대의상은 〈아이돌(Idol)〉 뮤직비디오 의상과 동일한 것이다. 당시 〈굿모닝 아메리카〉 남자 MC는 그들의 패션이 갖는 영향력을 언급하였다.

---

† 중앙일보, 'BTS 이름값'은 얼마?... 관광객 79만명 늘고 수출 1조원 증가했다, 2018. 12. 18, http://news.joins.com/

그림 1-11 BTS 멤버들의 모습이 담긴 앨범

1990년대 이후 대한민국의 엔터테인먼트 산업은 한류의 드라마와 K-Pop의 영향으로 눈부신 성장을 이루었다. 그와 함께 K-Beauty라는 화장품산업 제품의 수출도 기하급수적으로 늘었는데 패션산업은 뷰티산업만큼 발전하지는 못했다. 따라서 패션 분야에 종사하는 전문인들은 이러한 한류 붐을 타고 대한민국이 패션 선진국으로 확실하게 거듭날 수 있도록 노력해야 할 것이다.

2 패션 분야의
전문직

패션 분야의 전문가라고 하면 흔히 디자이너를 연상하기 쉽다. 그러나 패션이 완성되려면 패션의 시작인 기획부터, 디자인, 마케팅, 의복 제작, 유통, 판매, 광고, 홍보 각 분야의 힘이 종합적으로 필요하며 각 분야의 프로세싱 단계별로 다양한 전문직이 존재한다. 여기서는 패션학도들이 본인의 꿈과 적성에 따라 구체적인 미래 설계를 할 수 있도록 패션 분야의 전문직종을 살펴보겠다.

1) 패션디자이너

보통 의상, 패션 관련 전공 졸업 후에는 사회에 나가 패션디자이너로 활동하게 된다. 패션디자이너는 다음과 같이 세분화할 수 있다. 고급 맞춤복을 선보이는 오트쿠튀르(Haute couture)의 남자 디자이너는 쿠튀리에(Couturier), 여자 디자이너는 쿠튀리에르(Couturiere)라고 하며 이들은 보통 디자이너 브랜드에서 일하는 사람들이다. 이와 달리 내셔널 브랜드에서 기성복을 기획·생산하는 디자이너들은 패션디자이너라기보다는 스타일리스트(Stylist)라고 부르는 것이 일반적이다. 기성복 디자이너는 프레타 포르테(Pret a porter)에서 활약하게 된다.

　　패션디자이너는 새 시즌마다 신상품을 기획·디자인하고 샘플을 제작하며 품평회에 올려

**Do it!
yourself** 평소 좋아하는 브랜드의 패션디자이너가 되었다고 가정하고, 새로운 시즌의 샘플 작업 기획 및 작업지시서 작성을 해보자.

그림 1-12 패션디자이너의 업무 수행 　　　　**그림 1-13** 패션 머천다이저의 업무 수행

대량 생산 여부를 결정받는다. 품평회는 디자인 업무의 최고 하이라이트로, 품평회의 분위기에 따라 디자이너들이 일희일비하게 된다.

2) 패션 머천다이저

흔히 패션 MD라고 불리는 패션 머천다이저(Fashion Merchandiser)는 패션, 의류, 섬유 분야의 상품 지식을 바탕으로 마케팅 업무를 수행하는 사람이다. 패션 머천다이저의 주된 업무는 소비자 타깃인 목표를 설정하고 시장을 조사하며 패션트렌드를 분석하고, 상품 기획을 입안하여 실행 후 기업의 이익을 창출하는 것이다. 이들은 패션디자이너와 파트너십을 이루며 신상품을 기획하고, 샘플을 작업한 후 품평회를 진행한다. 그 후 패션디자이너와 분리되어 공업용 패턴을 의뢰하고 대량 생산에 투입된 상품을 관리하며 판매나 유통, 재고 관리에 이르기까지 조정하고 관리한다. 패션 머천다이저는 크게 기획 MD, 영업 MD, 바잉 MD로 구분된다.

Do it!
yourself

평소 좋아하는 브랜드의 패션 머천다이저가 되었다고 가정하고, 영업 MD와 바잉 MD의 업무를 구분하여 새 시즌에 해야 할 일을 목록으로 정리해보자.

3) 패션 코디네이터

패션 코디네이터(Fashion Coordinator)는 '패션을 조정하는 사람'이라는 뜻으로 유통업에서는 스타일리스트와 동의어로 사용하는 경우가 많다. 패션 코디네이터의 업무는 패션상품의 기획, 생산, 구매, 판매 및 판매 촉진 등 부문별 활동을 원만하게 조정하는 것으로 팀장이나 책임자급의 직책을 가진다. 기업의 경영방침과 브랜드 이미지, 상품의 성격 조정을 비롯하여 조직 및 기능 간 상호 조정을 통해 효과적인 마케팅이 가능하도록 돕는 일을 한다. 최근에는 크리에이티브 디렉터(Creative Director)로 불리기도 하며, 패션브랜드의 전체 이미지와 시즌별 상품 기획, 디자인을 총괄하는 사람을 말한다.

그러나 국내에서는 연예인의 협찬 의상 대여, 패션스타일 관리 등 패션 관련 업무를 전속 담당하는 사람을 '코디'라고 하면서 패션 코디네이터의 본래 의미와 업무 범위를 줄여 말하기도 한다.

그림 1-14 패션 코디네이터의 업무 수행

그림 1-15 컬러리스트의 업무 수행

Do it!
yourself

최근 뜨겁게 부상하고 있는 럭셔리 브랜드 '구찌'의 패션의 크리에이티브 디렉터인 알렉산드로 미켈레(Alessandro Michele)의 시즌별 디자인 콘셉트를 2015년부터 2019년까지 정리해보자.

4) 컬러리스트

컬러리스트(Colorist)는 색채에 관한 모든 업무를 담당하고 책임지는 전문가이다. 이들은 색상의 모든 정보를 수집·분석하고 색상의 방향 설정을 통한 브랜드별·아이템별 컬러 라인을 설정한다. 또 상품의 모델별 컬러웨이를 결정하고 브랜드 이미지에 기초를 두어 소재, 실루엣 및 디테일 등 트렌드에 맞추어 색채를 선정하는 일을 한다. 요즈음에는 패션상품에서 색채가 차지하는 비중이 점차 높아져서 컬러리스트의 역할이 강화되는 추세이다.

주로 유행색을 연구하여 발표하는 색 전문 정보기관이나 대기업 컬러기획실에서 이들을 필요로 한다. 국내의 현실상 많은 인력을 필요로 하지는 않지만, 색채를 좋아하는 사람이라면 컬러리스트 자격증 취득에 도전하는 것도 좋은 방법이다.

Do it! yourself

컬러리스트 자격증 취득을 위하여 준비해야 할 것들을 정리해보자.

5) 우븐 텍스타일 디자이너

우븐 텍스타일 디자이너(Woven Textile Designer)는 주로 옷감의 표면을 디자인한다. 이들의 주된 업무는 '원사의 종류를 선정'하고 '실을 짜는 제직방법을 지시'하며, '옷감 표면의 프린트나 패턴을 디자인'하는 것이다. 원단의 색상 조정이나 레이스, 자수 및 패턴 디자인을 선정하기도 한다. 캐드(CAD)를 활용한 업무를 많이 하므로 이를 능숙하게 다룰 수 있어야 한다.

그림 1-16 우븐 텍스타일 디자이너의 업무 수행

6) 스타일리스트

스타일리스트(Stylist)는 제공된 디자인을 응용하여 어레인지하는 전문가로, 주된 업무는 패션디자

그림 1-17 스타일리스트의 업무 수행

인의 특성과 가격을 잘 파악하여 코디네이트하고 상품화할 수 있는 스타일을 완성하는 것이다. 패션 머천다이저의 보조 역할을 한다고 볼 수도 있다. 기업체의 경우, 주임 디자이너나 머천다이저가 스타일리스트를 겸하기도 한다. 국내에서는 연예인을 대상으로 그들의 T.P.O.에 맞게 의상을 선택하고 코디하여 스타일링하는 사람을 지칭하기도 한다. 광고 촬영 시 콘셉트에 따라 의상과 패션 소품을 마련하여 전체적인 스타일을 완성시키는 사람도 바로 이 스타일리스트이다.

Do it! yourself

평소 좋아하는 K-Pop 아이돌의 무대 의상이나 뮤직비디오 의상을 그들의 음악 콘셉트에 맞추어 기획하고 디자인해보자.

7) 디스플레이 디자이너

그림 1-18 디스플레이 디자이너의 업무 수행

디스플레이 디자이너(Display Designer)는 상품 진열을 통해 상품의 테마와 목적을 효과적으로 보여주는 전문가이다. 이들의 역할은 상품을 진열하기 위해 디스플레이할 상품과 브랜드를 파악하고 상품디자인의 의도와 목적, 판매 전략 등의 정보를 수집하는 것이다. 백화점 또는 매장 담당자와 상의하여 디스플레이를 수정·보완한 후 매장 인테리어, 구조, 고객의 동선을 꼼꼼히 파악한 뒤 전체적으로 연출하는 일을 한다. 따라서 풍부한 상품 지식, 상상력, 표현력, 통찰력, 건강 등이 필수 조건이다. 특히 백화점 디스플레이어의 경우, 백화점 폐장부터 개장까지 밤새 일하는 경우가 많아 건강 관리에 유의해야 한다.

평소 자주 가는 백화점의 쇼윈도 디스플레이를 관찰·분석하고, 본인이 디스플레이 디자이너가 되었다고 가정하여 새 시즌의 쇼윈도 디스플레이를 기획해보자.

8) 패션 바이어

패션 바이어(Fashion Buyer)는 상품을 구매하여 유통하는 상품 기획 전문가이다. 상품 구매부터 판매, 판매 촉진, 재고 관리 및 판매 담당자에 대한 상품 교육 등 광범위한 일을 한다. 또한 신상품의 시장 진출, 디자이너의 상황, 소비자의 라이프스타일 변화, 소비자의 패션에 대한 욕구 변화 등 정보 수집과 분석에 의한 구매 계획을 수립한다. 소비자의 요구에 부합하는, 잘 팔릴 상품을 선택해야 하기 때문에 이를 예측하는 능력이 필요하며 이는 패션 바이어의 능력과 직결된다.

그림 1-19 패션 바이어의 업무 수행

패션 바이어와 바잉 MD의 차이점 및 유사 업무를 찾아 정리해보자.

9) 니트 디자이너

그림 1-20 니트 디자이너의 업무 수행

니트 디자이너(Knit Designer)는 니트 소재 디자인 전문가로 그 역할은 다음과 같다. 니트는 우븐과 달리 기술이 디자인을 좌우하기 때문에 기술을 터득하고 노하우를 쌓는 것이 중요하다. 소재 디자인이 우븐보다 수월하여 기술과 감각에 따라 캐릭터가 강한 제품을 완성할 수 있는 가능성이 크다. 보통 학교 졸업 후 첫 직장이 우븐을 다루는 곳인가 니트를 다루는 곳인가에 따라 향후의 경력이 결정된다. 우븐 디자이너로 일하다 니트 분야로 가게 되면 우븐 디자이너 경력을 인정받지 못하고 신입 디자이너로 가는 것과 같다. 두 분야가 그만큼 서로 다르다.

10) 패션 컨버터

그림 1-21 패션 컨버터의 원단 정리

패션 컨버터(Fashion Converter)는 가공되지 않은 생지를 구매하여 완성품으로 만들어 판매하는 직물 가공 판매업자이다. 패션 컨버터의 역할은 패션 트렌드를 신속·정확하게 파악한 후 기업체별 패션 머천다이저와 패션디자이너의 특성을 파악하여 소재를 제시한 후 판매하는 것이다. 그러므로 스스로 상품 기획력을 가져야 하며 산지나 원사 메이커 등과 유기적 관계를 유지해야 한다. 국내의 패션 컨버터들은 이탈리아, 프랑스, 일본 등 직물 제조 선진국으로부터 직물을 수입하여 판매하는 업무도 많이 하고 있다.

11) 패션 애널리스트

그림 1-22 패션 애널리스트의 업무 수행

패션 애널리스트(Fashion Analyst)는 패션 정보를 수집, 정리 및 분석하는 전문가이다. 이들의 역할은 어패럴 메이커, 백화점 등의 정보 처리 부문에 근무하며 기업의 전략적 의사 결정과 마케팅, 상품 개발에 필요한 정보를 수집하고 분석하는 것이다. 대개 직접적인 취재 조사에 의해 1차 정보를 수집하고 매스미디어 등을 경유한 2차 정보를 수집한다. 보통 패션트렌드를 분석·제시하는 연구소나 공적 기관에서 근무하며, 패션 정보 전문지를 만드는 일에 종사한다.

12) 패션 에디터

영화 〈악마는 프라다를 입는다(The Devil Wears Prada)〉(2006)는 패션잡지 편집부의 사무실에서 전개되는 이야기를 다루고 있다. 영화에는 패션 포토그래퍼, 패션 기자, 패션 스타일리스트, 패션디자이너 등 여러 직업군이 등장한다. 그중에서 편집장으로 등장하는 미란다라는 인물이 영화 제목과 같이 프라다를 입는 악마로 묘사된다.

영화 〈악마는 프라다를 입는다〉에 나타난 패션 분야의 다양한 전문직을 찾아 정리해보자.

Do it!
yourself

13) 프로덕트 매니저

프로덕트 매니저(Product Manager)는 의류 생산 관리를 담당하는 사람이다. 이들의 역할은 일정 품질의 제품을 일정 기간 안에 일정 수량 생산하기 위해 생산 활동을 예측·계획·통제한다. 또한 제품의 적절한 질과 양, 시기를 적당한 생산비로 생산 가능하도록 조율한다. 따라서 프로덕트 매니저는 설비 관리, 품질 관리, 자재 관리, 재고 관리 및 원가 관리, 계수 관리 능력을 갖추어야 한다. 생산공장의 공장장이나 생산팀 팀장으로 일하며 팀원인 미싱사와 재단사, 패턴사의 업무를 체크하고 조정하는 일도 수행한다.

그림 1-23 프로덕트 매니저의 업무 수행

14) 패터니스트

그림 1-24 패터니스트의 업무 수행

패터니스트(Patternist)는 샘플용 패턴을 제작·수정하는 전문가이다. 이들의 역할은 의류 샘플용 패턴을 제작·수정하고 대량 생산이 결정된 스타일에 대한 패턴을 공업용 패턴으로 수정한다. 또 수정된 패턴에 의해 만들어진 대량 생산용 샘플을 제작한다. 대량 생산을 위한 사이즈별 그레이딩 작업도 이들의 업무이다.

과거에는 도제식 교육으로 패터니스트를 양성하기도 했다. 디자이너의 샘플지시서에 나타난 오더에 따라 패턴을 제도하는 일을 하다 보니, 업무가 마치 서열 관계로 오인되어 패션·의상 관련 학과 졸업 후 대부분이 패션 디자이너나 패션 머천다이저를 희망하고 패터니스트가 되기를 회피하는 경향이 있어왔다. 최근에는 캐드가 도입되면서 패턴 제도나 그레이딩을 간편하게 할 수 있지만, 숙련된 패턴사의 노하우에는 컴퓨터와 기계가 대신할 수 없는 부분이 있다.

15) 모델리스트

그림 1-25 모델리스트의 업무 수행

모델리스트(Modelist)는 디자이너의 고안대로 실제 작품의 견본을 제작하는 사람이다. 모델리스트의 역할은 스타일화로부터 실물을 제작하기 위해 투알(Toile) 디자이너의 고안대로 실제 작품의 입체 견본을 제작하는 것이다. 즉, 투알을 사용하여 패턴을 제작하는 입체재단을 한다. 디자인 일을 겸하는 경우도 많다.

오트쿠튀르의 전성기였던 1930~1950년대에는 디자이너가 곧 모델리스트인 경우가 대부분이었다. 입체패턴 제작은 디자이너의 디자인을 옷으로 구현하는 작업이므로 숙련된 패턴 제작기술을 가진 디자이너가 직접 샘플을 제작해야 했다.

16) 그레이더

그림 1-26 그레이더의 업무 수행

그레이더(Grader)는 그레이딩을 행하는 전문 기술자로, 그들의 역할은 대량 생산 투입이 결정된 스타일의 공업용 패턴을 사이즈별로 전개하는 것이다. 과거에는 이것이 패턴사 업무의 일부였지만, 1980년대 이후에는 컴퓨터 캐드 프로그램을 활용하여 작업을 하기 시작하여 컴퓨터 활용능력이 필요해졌다.

17) 마커

마커(Marker)는 사용 원단에 마킹을 하는 사람이다. 마커의 역할은 대량 생산 투입이 결정된 패턴으로 그레이딩이 끝난 후, 실제 사용 원단에 마킹을 하는 것이다. 원단의 필요량을 산출(요척)하기도 한다. 최근 이러한 작업은 대부분 컴퓨터 캐드 프로그램으로 진행된다.

그림 1-27 마커의 업무 수행

18) 커터

커터(Cutter)는 커팅기를 가지고 재단하는 일을 한다. 이들의 역할은 대량 생산 체제에서 마킹하여 연단한 원단을 커팅하는 기계로 재단하는 것이다. 맞춤복을 만들 때는 보통 패턴을 제작한 사람이 원단을 직접 재단가위로 재단하지만, 대량 생산 시에는 재단을 위한 전문적인 기술이 반드시 필요하다. 따라서 〈그림 1-28〉과 같이 커터를 사용하며, 이 작업에는 한치의 오차도 허용되지 않기에 숙련된 기술이 필요하다.

그림 1-28 커터의 업무 수행

19) 봉제사

봉제사(Sewer)는 재단한 원단을 봉제하는 전문가이다. 이들은 봉제용 기계나 손바느질을 이용하여 견본을 제작하고 대량 생산 체제에서 봉제를 담당한다. 정확하고 숙련된 봉제기술과 아울러 패션에 대한 이해와 지식이 요구되는 직업이다. 특히 패션디자이너나 스타일리스트, 패션 머천다이저들이 샘플을 작업하거나 대량 생산을 하고자 한다면 봉제사와 정확하고 원활한 커뮤니케이션을 꼭 해야 한다. 따라서 패션디자이너나 스타일리스트 등은 평소 봉제사와 원만한 관계를 유지하도록 노력할 필요가 있다. 만약 소통이 정확하게 이루어지지 않으면 전혀 의도치 않은 샘플이 만들어지는 황당한 일이 발생하기도 한다.

그림 1-29 봉제사의 업무 수행

그림 1-30 인스펙터의 업무 수행

20) 인스펙터

인스펙터(Inspector)는 생산된 완제품의 검사를 전담한다. 일정한 검사기준에 따라 상품으로서의 가치 여부를 판정하며 직물과 봉제 상태, 최종 상품의 품질기준에 따라 오류와 불량을 찾아내는 검사관 역할을 한다.

그림 1-31 퀄리티 컨트롤러의 업무 수행

21) 퀄리티 컨트롤러

퀄리티 컨트롤러(Quality Controler)는 불량품을 체크하고 예방하는 일을 담당한다. 이들의 역할은 상품의 품질을 조사·확인하는 것으로 치수 확인, 봉제 확인, 원단 상태 확인, 염색과 무늬 상태 확인, 패턴과의 대조 및 오염 등을 체크한다. 즉, 상품의 품질을 유지하고 향상시키는 일을 전담한다. 생산공장 내의 검수팀에 소속되어 주 생산라인에 투입되기 전에 원단 상태에서 사전 검수하는 과정과, 주 생산라인에서 작업 후 의복 상태에서 검수하는 과정으로 작업을 하게 된다. 생산공장에서는 판매·유통을 위한 출고 전에 반드시 불량품을 찾아내야 손실이 훨씬 적게 발생하므로 퀄리티 컨트롤러의 철저한 검사가 중요하다.

최근 '패션상품'이라는 단어는 의복·가방·구두 등의 잡화, 액세서리 및 뷰티를 아우르는 복식과 같은 의미로 사용된다. 이와 같이 우리가 입는 옷을 지칭하는 단어는 여러 가지인데, 여기서는 이를 한번 짚고 넘어가도록 한다.

먼저 '의복'이란 인체의 상반신과 하반신을 감싸는 것으로, 우리말의 '옷'을 지칭하는 단어이다. '피복'은 교과목 이름인 피복재료학에서 접할 수 있는 단어인데, 여기서 피복이란 의복을 포함한 침구류 등 그 범위가 넓다. 보통 민속의상이나 무대의상에 쓰이는 '의상'이라는 단어도 옷을 지칭하기는 하지만 이는 특수 목적을 가진 옷을 말하는 것이다. '복장'이라는 단어는 중·고등학교 시절 교문에서 선도부 선배들이 복장 검사를 했던 것을 떠올려보면 그 의미를 알기 쉽다. 이러한 예와 같이 학생 신분에 맞게 교복과 학교 배지, 이름표, 모자 등을 갖추어 자신의 신분을 보여줄 때 복장이라는 단어를 쓴다. 즉, 복장이란 옷을 입는 사람의 사회적 신분을 나타내려는 목적을 가진다. 여기에 해당하는 것이 바로 경찰복, 간호사복 등이다. 경찰이나 간호사 등은 자신의 사회적 신분과 직업을 나타내는 유니폼을 착용함으로써 사회적인 기능 수행 시 자격증을 따로 보여주지 않고도 수월하게 일을 할 수 있다. 마지막으로 '복식'은 의복과 잡화, 액세서리, 뷰티를 아우르는 개념으로 심미적인 장식의 행위를 포함하는 것이다.

이제부터 복식의 착용동기와 필요성을 살펴보게 되는데, 이는 의상사회심리학 측면에서 꼭 필요한 기초 이론이다. 여기서는 인류가 어떤 목적과 필요성을 가지고 복식 행위를 시작했는지를 크게 실용적 목적과 표현적 목적으로 나누어 살펴보도록 한다.

1) 실용적 목적

복식 착용의 실용적 목적에는 신체보호설, 위생설, 위험방지설이 있다.

(1) 신체보호설

인간이 추위와 더위로부터 신체를 보호하기 위해 복식을 착용했다는 이론이다. 이때 자연모방설도 유용하게 언급되는데, 자연모방설이란 동물은 겨울이면 털이 많이 나서 추위를 방지하고 여름이면 털이 빠지는 자연의 섭리에 근거를 둔다. 식물이 봄이 되면 싹이 나서 잎이 자라 여름에 무성해지고 겨울이 되기 전에는 잎이 떨어지고 겨울을 대비하는 것을 예로 들기도 한다. 이처럼 인간도 추위와 더위로부터 신체를 보호하기 위해 자연을 모방하여 옷을 입게 되었다고 보는 견해이다. 사막의 뜨거운 태양열을 피하기 위해 흰 천을 온몸에 두르는 것도 이러한 예에 해당된다.

(2) 위생설

위생설은 의복이 인체로부터 분비되는 땀과 피지를 흡수하고 외부 환경으로부터 오염될 가능성을 차단하는 기능을 한다는 것이다. 즉, 인간은 의복을 착용함으로써 외부 환경을 일차적으로 차단하고 벌레나 모기가 무는 것을 방지하게 된다. 다시 말해 청결 유지와 위생의 목적으로 의복을 입기 시작했다는 이론이다.

(3) 위험방지설

인간이 외부로부터 오는 위험을 방지하기 위해 복식을 착용하기 시작했다는 이론이다. 산업현장에서 외부의 위험을 방지하기 위해 착용하는 헬멧과 작업복, 안전화나 먼지로부터 차단시키기 위한 무진복, 화염으로부터 인체를 보호하는 소방관의 방제복 등을 예로 들 수 있다. 이러한 위험 방지의 목적을 달성하기 위해서 과학적 기술과 신소재 개발이 필요한데 그 절정에는 우주복이 있다. 인간이 최초로 달에 착륙했던 1969년 미국 나사(NASA) 기술진은 지구와 전혀 다른 달의 기후(대기가 순환되지 않아 양지와 음지의 온도차가 400℃ 가까이에 이름)에 적응할 수 있는 특수 기능복을 제작하였다. 의복에 가장 최첨단의 과학기술이 도입되는 예로는 군복이 있다. 각 나라의 예산에서 방위산업은 막대한 비중을 차지한다. 세계 각국은 신무기 개발과 수입 외에도 군복의 최첨단화에 많은 비용을 지출하고 있다.

2) 표현적 목적

복식 착용의 표현적 목적에는 심미적 욕구설, 수치설, 특수설과 공통설, 주술설과 상징설이 있다. 물리적 기능성을 우선시하는 실용적 목적과 달리, 표현적 목적의 저변에는 인류의 사회·문화적 관계성이 깔려 있다.

(1) 심미적 욕구설

인간이 내면에 갖고 있는 미적 본능을 복식 착용을 통해 충실히 나타낸다는 것이 바로 심미적 욕구설의 주장이다. 심미적 욕구설은 복식 착용이 이성에 대한 유혹, 유행, 사회적 지위와 도덕성, 주술적, 종교적 욕구 등에 의해 나타난다고 믿는다. 현대로 올수록 미적인 욕구는 분리되어 더욱 확대된다. 장식욕구, 즉 미적 욕구로 복식의 기원을 설명하는 이론에서는 그 근거로 열대지방에 사는 의복을 거의 착용하지 않는 자연민족이 문신이나 얼굴, 가슴 등에 점토나 안료 장식을 하는 것을 예로 든다(그림 1-32).

　　《의복심리학》의 저자 프루겔(J. C. Frugel)은 인간의 의복에 대한 이상은 아무것도 입지 않

은 것이라고 말한다. 고대 그리스의 나체 찬미나 크리트
복식의 여신상이 좋은 예이다(그림 1-33). 고대 서양 복
식에서 크레타 복식에만 나타나는 신체에 맞게 재단된
복식은 현존하는 유물 중에 유일하다. 신체에 맞게 재단
된 복식은 중세 말 이후에야 나타나기 때문이다. 뱀을 든
여신상은 고대 유물로 중세 이후의 재단된 복식 착용 모
습을 보여줌과 동시에 가슴을 그대로 노출하고 있어 여
성 신체의 아름다움을 노골적으로 보여주고 있다. 특히
고대에서 뱀은 지혜를 상징하는 것으로 뒤에 나오는 주
술성과 상징성을 동시에 보여준다.

그림 1-32 파라과이 축제일
의 마카족 소녀

그림 1-33 뱀을 든 여신상
(B.C. 1600~1580, 헤라클
리온 미술관)

(2) 수치설

《구약성서》 창세기편에서는 아담과 이브의 설화를 언급하며 인간이 의복을 입게 된 동기를 수치심
이라고 보았다. 이브가 선악과를 따먹고 나체에 대한 부끄러움을 느껴 나뭇잎으로 몸을 가렸다는
부분이 수치설에 관한 설득력을 갖게 한다. 수치설은 서양에서 중세 이후 강하게 제기되었다.

(3) 특수설과 공통설

특수설은 의복 착용의 동기가 인간이 집단에서 개인적 특수함을 나타내기 위한 것이라고 본다. 공
통설은 개인의 개성보다는 집단의 공통성을 상징하기 위한 것이라고 보는 입장이다.

의복의 기원을 인간의 특수성을 나타내는 요구에서 입게 되었다고 보는 근거로는, 고대의
부족장이나 제사장을 들 수 있다. 대부분의 자연민족은 나체 또는 간단한 로인클로스(Loin cloth)만
입고 있었는데, 부족장이나 제사장들은 의복을 여러 겹 입고 머리에 여러 가지 장식을 많이 달았
다. 이는 자신이 다른 사람과 다르게 특별하다는 특수성을 나타내기 위한 것으로, 신분 차이를 복
식과 장식으로 표현하려는 의도가 담겨 있다. 복제(服制)는 신분의 차이를 복식으로 명확히 하는
것으로, 특수성과 그 의미가 통한다.

의복의 기원을 집단의 공통성으로 볼 수 있는 근거로는 특정 직업이나 단체가 입는 군복,
교복, 직장복 등의 유니폼을 들 수 있다. 고대의 어떤 부족은 모두 같은 것을 몸에 두름으로써 다
른 부족과 자신들을 차별화하기도 했다. 이 경우 부족 개개인에게는 공통성이지만 다른 부족과는
구별되는 특수성을 동시에 지니게 된다. 이러한 의미에서 군복이나 교복은 특수성과 공통성을 동
시에 표현한다고 할 수 있다.

(4) 주술설과 상징설

복식 착용의 동기가 주술적이거나 상징적인 목적인 경우를 의미한다. 문신은 고대 사회에서 성인
의 징표이자 집단적 소속감의 상징이었다. 고대 원시인들은 신체의 주요 부위는 나뭇잎으로 가리

그림 1-34 뉴질랜드 마오리
족 추장의 문신(18세기)

그림 1-35 구석기시대
비너스 여신상

고 문신에 온갖 정성을 들였는데 이는 그들에게 상징적인 목적이 신체 보호보다 더 중요했음을 알려준다. 〈그림 1-34〉는 뉴질랜드 원주민인 마오리족 추장의 문신이다. 뉴질랜드의 마오리족은 고통을 참아가며 얼굴에 문신을 새기는 행위를 했는데, 그들은 문신한 얼굴이 용맹을 나타내고 전사의 자부심을 심어준다고 믿었다. 북아메리카 원주민들에게 문신은 죽은 뒤의 영정에서 영혼이 부딪칠 장애물을 극복하기 위한 표지이기도 했다. 에스키모인들은 사냥과 위험 방지를 위해 문신을 했고 초기 기독교인들은 십자가, 양, 물고기, 예수의 이름을 새기는 문신을 신원 확인이나 인지의 방법으로 이용하기도 했다. 19세기 영국과 미국의 해군 사이에서도 군대의 단결심 고취 및 부상자 신원 확인을 위해 문신을 하였다.

주술설의 관점에서 의복의 기원을 설명할 때는, 인간이 주술적인 요구 때문에 부적의 의미로 신체 일부에 무엇인가 달거나 붙이는 것에서 의복 착용이 시작되었고 한다. 원시 부족이나 역사 이전으로 거슬러 올라갈수록 장식욕구설과 주술설은 분리되지 않고 동시에 표현된다.

지금까지 복식의 착용동기를 다룬 여러 학설을 살펴보았다. 그러나 이러한 학설들은 결합되는 경우가 많아 한두 가지 학설로 복식의 착용동기를 설명할 수는 없다. 예를 들어 오스트리아의 빌렌도르프에서 출토된 비너스 여신상(그림 1-35)은 구석기시대 오리냐그기에 만들어진 약 4만 년 전의 것으로, 나체임에도 불구하고 머리에 소용돌이 무늬의 장식이 있고 팔에는 팔찌를 낀 모습이 나타나 있다. 또 가슴과 엉덩이가 크게 과장되어있는데, 이를 원시인의 장식성과 주술적인 정신성의 발로로 보고 있다.

1) 패션디자인요소

패션디자인의 요소에는 선(Line), 형태(Form), 색채(Color), 소재(Merterial)가 있는데 여기서 소재는
소재의 물리적 성질과 문양(Pattern), 재질(Texture)을 포함하는 것이다.

(1) 선

의복에서의 선의 개념

선은 형태를 이루는 수단이며 일부이자 가장 기초적인 시작이다. 두 점을 연결한 것이 선인데, 선
을 결국 점들이 연결된 것으로 보기도 한다. 예를 들어 의복에 달린 단추들의 배열에 의해 생기는,
시각적으로 느껴지는 일련의 선도 이에 해당된다. 패션디자인에서 선은, 인체와 밀접한 의복과 액
세서리라는 매개체에 의해 결정되기 때문에 회화나 공간에서의 선과는 다른 특성을 띤다.

의복에서의 선의 종류와 특성

선은 크게 직선과 곡선으로 나누어진다. 직선은 단순하고 명쾌하고 강하며 남성적인 특성을 갖는
다. 이에 비해 곡선은 우아하고 유연하며 부드럽고 여성적인 특성을 갖는다. 직선은 수평선, 수직
선, 사선으로 나누어지고 곡선도 구부러진 정도에 따라서 완만한 곡선부터 심하게 구부러진 곡선,
원 등으로 나누어진다. 보통 직선은 딱딱하고, 곡선은 명랑하며 낙천적이다. 따라서 직선만으로 이
루어진 디자인은 너무 엄격하고, 곡선만으로 이루어진 것은 들떠 보인다. 우리 인체는 곡선이므로
의복의 직선은 인체의 곡면에 의해 부드러워진다. 따라서 곡선은 체형과의 조화를 위해 직선보다
는 덜 사용되어야 한다.

(2) 형태

의복을 착용한 상태의 형태는 실루엣(Silhouette)과 디테일(Detail)이 있다. 실루엣은 의복 착용 상태
에서 만들어진 의복의 외곽선·윤곽선을 말하고 디테일은 의복의 포켓(Pocket), 다트(Dart), 봉제 절
개선(Seam line), 칼라(Collar), 소매(Sleeve) 등의 세부사항을 말한다. 여성복의 실루엣은 크게 아워
글래스(Hour glass), 스트레이트(Straight), 벌크(Bulk)로 나눌 수 있다.

표 1-1 의복에서의 선의 종류와 특성†

선의 종류		선의 외형	선의 특성	선의 의복 표현
직선	수직선		곧음, 위험, 힘, 남성적, 이지적, 현대적, 정확	솔기, 다트, 플리츠, 선 장식, 턱, 스트라이프 문양
	수평선		정적, 침착, 평온, 안정, 조용, 수동적	솔기, 다트, 선 장식, 요크, 페플럼, 스트라이프 문양
	사선		활동, 흥분, 불안정, 극적	사선을 사용한 솔기, 사선 드레이프, 사선 문양
직선	지그재그		날카로운, 분주한, 규칙적인, 뻣뻣한, 남성적인	의복의 외형선(지그재그 밑단), 트리밍, 문양, 리크랙(rickrack)
	두꺼운 선		강력한, 단정적인, 확실한	벨트, 커프스, 경계선, 트리밍, 스트라이프 문양, 바인딩
	가는 선		예민한, 침착한, 미묘한, 수동적	솔기, 다트, 디테일, 트리밍, 스트라이프 문양, 핀턱
	끊긴 선		스포티한, 쾌활한, 캐주얼	스티치, 단추, 자수, 트리밍
	모양 있는 선		복잡한, 다양한, 꾸불꾸불한, 흥미 있는	레이스, 프린지, 구슬, 세퀸, 진주, 방울술, 끈 장식, 문양
	성글은 선		열린, 약한, 덜 확실한, 미묘한	레이스, 크로쉐 밴드, 셔링, 끈벨트, 프린지, 문양
곡선	완만한 곡선		부드러움, 유연한, 여성적	솔기, 의복의 외형선, A라인 스커트 밑단, 드레이핑, 플라운스, 프린세스 라인, 문양, 개더, 암홀선
	심한 곡선		역동적, 생동감, 젊은, 여성적, 불안정한	솔기, 의복의 외형선, 플레어 스커트 밑단, 스캘롭, 문양, 레이스 끝단
	루프		소용돌이의, 경쾌한, 활동적인, 부드러운, 여성적인	장식적인 문양, 트리밍
	도트		중단된, 캐주얼, 암시적인	세퀸, 진주, 구슬장식, 문양

† Marian, L. Davis, Visual design in dress, NewJersey: Prentice-Hall Inc, pp. 48-51.

아워글래스 실루엣

아워글래스(Hourglass) 실루엣은 모래시계 형태의 외곽선으로 여성복에서 여성의 인체 곡선미를 가장 잘 보여준다. 보통 허리를 좁게 하여 X자형을 이루므로 X자 실루엣이라고도 부른다. 종류로는 피티드 실루엣, 프린세스 실루엣, 크리놀린 실루엣, 머메이드 실루엣 등이 있다.

• **피티드(Fitted) 실루엣** 여성의 몸에 전체적으로 잘 맞는 피티드 실루엣은 허리를 타이트하게 강조하여 여성스러운 신체 곡선미를 부각시킨다. 흔히 몸에 핏(Fit)하다는 것을 몸에 꼭 끼는 상태라고 생각하기 쉬우나 정확히는 '알맞게, 적합하게, 정확하게' 맞는 상태를 의미한다.

디자이너 컬렉션을 조사하여 다음 실루엣이 활용되는 사례를 찾아 붙여보자.

Do it! yourself

피티드 실루엣

• **프린세스(Princess) 실루엣** 프린세스 봉제선이 있는 의복을 착용했을 때 생기는 실루엣이다. 가로 허리선 없이 허리에 꼭 맞는 실루엣으로, 앞뒤 어깨에서 밑단까지 세로로 된 패널들로 이루어져 있다. 상반신은 꼭 맞고, 단으로 내려갈수록 플레어가 생기는 스타일이다. 영국 에드워드 7세의 황후 알렉산드라가 공주였던 시절에 즐겨 착용했다고 해서 '프린세스'라는 명칭이 붙었다. 어깨부터 시작되는 솔더 프린세스 라인과 암홀 프린세스 라인이 일반적이다.

Do it! yourself

디자이너 컬렉션을 조사하여 다음 실루엣이 활용되는 사례를 찾아 붙여보자.

프린세스 실루엣

• **크리놀린(Crinoline) 실루엣** 19세기 중후반 서양 여성복에서 유행했던 실루엣으로, 스커트 부분을 크고 둥글게 부풀리기 위해 후프형 테두리나 빳빳한 페티코트를 사용했는데 이것이 바로 크리놀린이다. 크리놀린은 원래 라틴어로 '머리카락'이라는 뜻인데, 말의 털을 넣어 짠 천으로 페티코트를 만들어 입은 것에서 유래되었다. 크리놀린 실루엣의 상반신은 타이트하지만 하반신은 과하게 부풀려진 형태를 띤다. 오늘날에는 웨딩드레스나 파티 드레스에 많이 나타난다.

Do it! yourself

디자이너 컬렉션을 조사하여 다음 실루엣이 활용되는 사례를 찾아 붙여보자.

크리놀린 실루엣

- **머메이드(Mermaid) 실루엣** 상반신은 여성의 몸, 하반신은 인어를 닮은 실루엣으로 무릎 아래에서 물고기의 지느러미가 퍼지는 듯한 형태를 띤다. 가슴부터 골반을 지나 무릎까지 몸에 달라붙듯이 폭을 좁게 만들며, 스커트의 단을 끊어서 인어의 꼬리지느러미처럼 느껴지도록 플리츠, 플라운스, 플레어, 개더를 붙인 것이다. 20세기 초, 아르누보 스타일의 S커브 실루엣에서 그 유래를 찾을 수 있다. 머메이드 실루엣은 유동적이며 섹시한 이미지를 표현해내고 여성의 체형을 아름답게 보이도록 해준다. 이브닝드레스나 웨딩드레스에서 많이 볼 수 있다.

디자이너 컬렉션을 조사하여 다음 실루엣이 활용되는 사례를 찾아 붙여보자.

**Do it!
yourself**

머메이드 실루엣

스트레이트 실루엣

스트레이트(Straight) 실루엣은 전체적으로 수직 방향의 일자로 내려오는 스타일로, 어깨부터 밑단까지 허리를 조이지 않고 직선으로 내려온다. 종류로는 H라인 실루엣, 튜뷸러 실루엣, 시프트 실루엣, 시스 실루엣, 트래피즈 실루엣, 엠파이어 실루엣 등이 있다.

- **H라인 실루엣** 알파벳 H 형태의 실루엣이다. 1954년 가을, 파리의 패션디자이너 크리스찬 디올이 발표한 스타일에 나타난 실루엣으로 모양이 강낭콩을 닮았다고 해서 프랑스어로 '아리코 베르'라고도 한다. 가슴·몸통·허리가 과장되지 않고, 웨이스트에 여유가 있는 루스-피팅(Loose-fitting) 경향의 시초이다. 전체적으로 날씬한 체형에 알맞은 실루엣으로 웨이스트 라인은 약간 가는데 이곳에 가로선의 악센트를 주기도 한다. 부풀린 앞가슴을 평평하게 처리하여 H 모양으로 만든 것이 특징이다.

Do it! yourself

디자이너 컬렉션을 조사하여 다음 실루엣이 활용되는 사례를 찾아 붙여보자.

H라인 실루엣

- **튜뷸러(Tubular) 실루엣** 속이 비어있는 튜브관 형태의 실루엣이다. 관(管) 모양으로 된 실루엣인데, 칼럼(Column) 실루엣이나 실린더 실루엣과 같은 모양이다. 1920년대와 1960년대 여성복 스타일에서 많이 볼 수 있다.

Do it! yourself

디자이너 컬렉션을 조사하여 다음 실루엣이 활용되는 사례를 찾아 붙여보자.

튜뷸러 실루엣

- **시프트(Shift) 실루엣** 슈미즈풍 드레스의 외형으로, 어깨에서 느슨하게 곧바로 늘어져 내린 몸
  판 이음선이 없는 형태를 말한다. 즉, 몸에 헐렁하게 맞는 직선형의 기본적인 드레스를 입은 형
  태를 띤다. 1957년에 발표된 슈미즈 드레스와 유사한 1960년대 유행했던 스키머(Skimmer) A라
  인 드레스가 바로 이 시프트 실루엣의 대표격이다. 19세기에는 슈미즈 대용으로 착용하는 것을
  시프트라고 부르기도 하였다.

디자이너 컬렉션을 조사하여 다음 실루엣이 활용되는 사례를 찾아 붙여보자.

**Do it!
yourself**

시프트 실루엣

- **시스(Sheath) 실루엣** 몸에 타이트하게 밀착되어 여성의 몸을 날씬하고 길어 보이게 한다. 심플
  하면서도 세련된 이미지를 나타내주며 니트 소재가 많이 사용되는 경향이 있다. 시프트 실루엣
  과 혼동될 수 있는데 시스 실루엣이 신체에 더 밀착된 것으로 보면 된다.

디자이너 컬렉션을 조사하여 다음 실루엣이 활용되는 사례를 찾아 붙여보자.

**Do it!
yourself**

시스 실루엣

• **트래피즈(Trapeze) 실루엣** 좁은 어깨에 치마는 A라인보다 약간 더 플레어가 진 드레스를 입은 형태이다. 트래피즈의 어원은 어깨에서 밑단으로 내려가면서 점차 퍼져나간 모양이 곡예 그네를 걸치는 수평봉과 같다는 데서 유래되었다. 1950년 파리의 이브 생 로랑이 크리스찬 디올 하우스에서 디자인하여 발표한 후 1950년대 후반과 1960년대 초에 유행하였다.

Do it! yourself
디자이너 컬렉션을 조사하여 다음 실루엣이 활용되는 사례를 찾아 붙여보자.

트래피즈 실루엣

• **엠파이어(Empire) 실루엣** 가슴 아래 장식띠를 맨 하이웨이스트 라인의 엠파이어 드레스를 착용한 듯한 실루엣이다. 나폴레옹 1세(1804~1814) 시절 조세핀(Josephine) 황후가 입었던 엠파이어 드레스에서 시작된 것으로, 앞뒤 네크라인을 깊게 파고 짧은 퍼프소매가 달려 있으며 스커

Do it! yourself
디자이너 컬렉션을 조사하여 다음 실루엣이 활용되는 사례를 찾아 붙여보자.

엠파이어 실루엣

트는 좁고 길게 내려오고 트레인이 뒤허리선이나 뒷목선에 달려 있다. 짧은 상체에 긴 스커트가 달려 있어 하체가 길어 보이기에 하이웨이스트라고도 한다. 1910년대와 1960년대에 유행하였다.

벌크 실루엣

벌크(Bulk) 실루엣은 전체적으로 여유가 많아 풍성하거나 어느 한 부분을 극단적으로 부풀린 것이다. 종류로는 에그·코쿤 실루엣, O라인 실루엣, 배럴 실루엣, Y라인 실루엣, T라인 실루엣, 어깨에 패드가 들어가고 품에 여유가 많아 박스 모양이 되는 박시 실루엣이 있다.

- **에그(Egg) 실루엣, 코쿤(Cocoon) 실루엣** 알 모양과 비슷하다고 하여 에그 실루엣, 누에고치와 같다고 하여 코쿤 실루엣이라는 명칭이 혼용된다. 둥글고 풍성한 형태이며 위는 좁은 편에 아래로 갈수록 타원형으로 둥글게 모아지는 형태를 띤다. 신체의 볼륨감을 강조한다.

디자이너 컬렉션을 조사하여 다음 실루엣이 활용되는 사례를 찾아 붙여보자.

에그·코쿤 실루엣

- **O라인 실루엣** 알파벳 O처럼 둥글고 헐거운 실루엣이다. 풀 라인 중 하나로 오블롱(Oblong) 라인과 올리브(Olive) 라인도 이것의 일종이다. 빅룩의 영향을 받아 나타난 실루엣으로, 에그 실루엣보다 더 부풀린 것이 특징이다.

Do it! yourself

디자이너 컬렉션을 조사하여 다음 실루엣이 활용되는 사례를 찾아 붙여보자.

O라인 실루엣

- **배럴(Barrel) 실루엣** 서양 술통인 배럴과 같은 모양의 실루엣으로, 몸통이 불룩하다. 전체적으로 둥글고 한가운데를 불룩하게 해서 도련을 좁혔다. O라인보다 더 과장되어있으며 모피 차림에서 많이 나타난다. 스핀들(Spindle) 라인과도 같다.

Do it! yourself

디자이너 컬렉션을 조사하여 다음 실루엣이 활용되는 사례를 찾아 붙여보자.

배럴 실루엣

- **Y라인 실루엣** 알파벳 Y와 같은 모양으로 허리선 위 상의(Top)는 X라인 형태이고, 허리선 아래 하의(Bottom)는 H라인의 형태를 띠는 두 가지 모양이 결합되어있다. 1940년대에 많이 나타난 스타일이다.

디자이너 컬렉션을 조사하여 다음 실루엣이 활용되는 사례를 찾아 붙여보자.

Y라인 실루엣

• **T라인 실루엣**   소매가 포함된 어깨 라인이 알파벳 T 모양으로 H라인 드레스와 결합된 실루엣
  이다. 어깨 부분이 과장된 이 실루엣은, 티셔츠와 같은 형태이다.

디자이너 컬렉션을 조사하여 다음 실루엣이 활용되는 사례를 찾아 붙여보자.

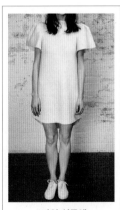

T라인 실루엣

• **박시(Boxy) 실루엣**   어깨에 패드가 들어가고 스트레이트로 내려가 박스 모양의 형태를 띠는 실
  루엣이다. 스트레이트 실루엣과 혼동하기 쉬우나 스트레이트 실루엣보다는 훨씬 품에 여유가 많
  다. 여성복에 남성적이고 미니멀한 이미지를 부여한다.

Do it! yourself

디자이너 컬렉션을 조사하여 다음 실루엣이 활용되는 사례를 찾아 붙여보자.

박시 실루엣

(3) 디테일

앞서 설명하였듯 디테일은 의복 안의 세부사항이다. 여기서는 디테일의 종류와 명칭을 익혀보도록
한다.

봉제 절개선과 봉제법에 따른 디테일

봉제 시에는 절개선(Seam line)과 봉제방법에 따라 여러 가지 디테일들이 생긴다.

Do it! yourself

봉제선과 봉제법에 따른 디테일에 맞는 사진을 찾아 붙이거나 그려보자.

프린세스 라인(Princess)   고어드(Gored)   턱(Tuck)

(계속)

개더(Gather)

드레이프(Drape)

플라운스(Flouness)

프릴(Frill)

셔링(Shirring)

스모킹(Smocking)

러플(Ruffle)

보(Bow)

파이핑(Piping)

페플럼(Peplum)

퀼팅(Quilting)

스캘럽(Scallop)

(계속)

톱 스티칭(Top stitching)	**기계 자수(Machine embroidery)**	**탭(Tabs)**

의복의 구성에 따른 디테일

- **포켓(Pocket)**   웰츠 포켓, 사이드 포켓, 플랫 포켓, 아웃 포켓 등이 있다.
- **다트(Dart)**   여성의 신체 굴곡선에 따라 남는 옷감의 분량을 안에서 봉제하는 것으로, 옷이 몸에 핏될수록 다트의 분량이 많아진다. 앞부분에는 여성의 가슴을 중심으로 한 옆 다트와 허리 다트가 기본인 반면, 뒷부분에서는 어깨와 허리 다트가 기본이 된다.
- **네크라인(Neck line), 칼라(Collar), 소매**   네크라인의 종류와 칼라 및 소매의 종류는 〈표 1-2~4〉와 같다.

Do it! yourself   포켓의 종류를 그려보자.

웰츠(Welts) 포켓	**사이드 포켓**	**플랩(Flap) 포켓**
아웃 포켓	**입술 주머니**	**코트 주머니**

다트의 종류를 그려보자.

옆 다트	**앞 허리 다트**	**뒤 허리 다트**

앞 네크 다트	**옆선 다트**	**뒤 어깨 다트**

표 1-2 네크라인의 종류

라운드 네크라인	V-네크라인	U-네크라인	보트
원 숄더	캐미솔	오프 숄더	스트랩 리스

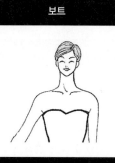

(계속)

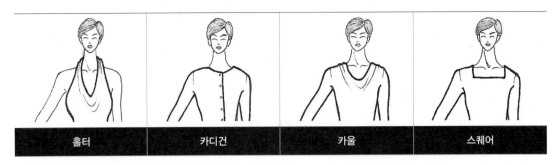

| 홀터 | 카디건 | 카울 | 스퀘어 |

표 1-3 칼라의 종류

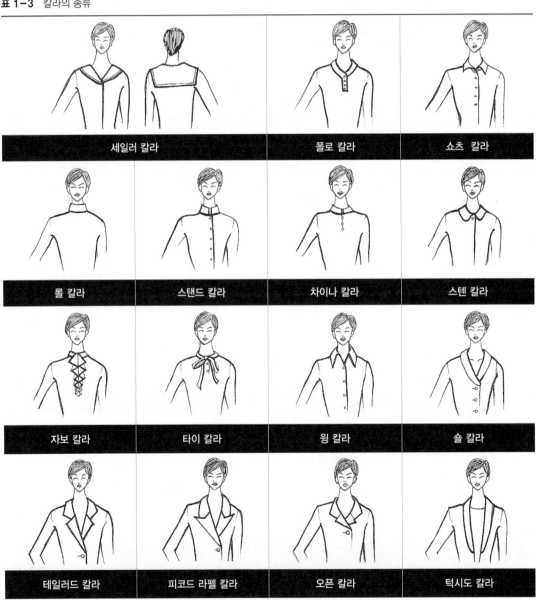

세일러 칼라	폴로 칼라	쇼츠 칼라
롤 칼라	스탠드 칼라	차이나 칼라	스텐 칼라
자보 칼라	타이 칼라	윙 칼라	숄 칼라
테일러드 칼라	피코드 라펠 칼라	오픈 칼라	턱시도 칼라

표 1-4 소매의 종류

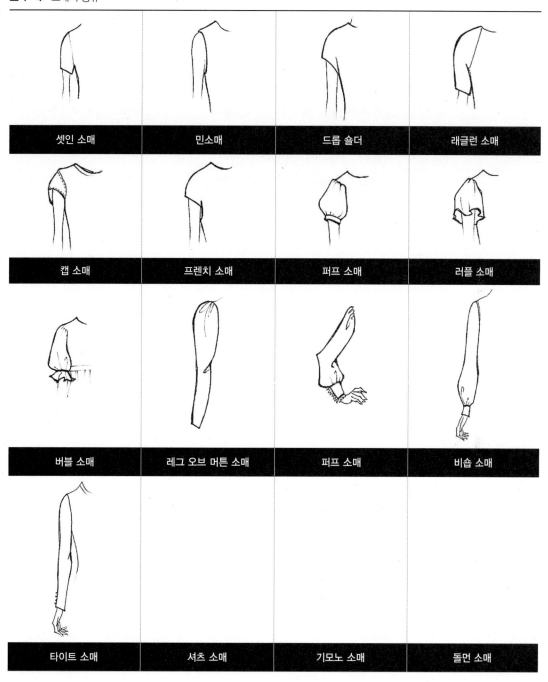

셋인 소매	민소매	드롭 숄더	래글런 소매
캡 소매	프렌치 소매	퍼프 소매	러플 소매
버블 소매	레그 오브 머튼 소매	퍼프 소매	비숍 소매
타이트 소매	셔츠 소매	기모노 소매	돌먼 소매

Do it! yourself

위 〈표 1-4〉에 빈칸으로 남아있는 셔츠 소매, 기모노 소매, 돌먼 소매 자리에 해당 소매를 찾아 사진을 붙이거나 스스로 그려보자.

여성복의 종류에 따른 명칭

여성복의 종류(Item)를 품종(品種)이라고 부른다. 여성복의 6대 품종은 스커트, 블라우스, 팬츠, 원피스 드레스, 재킷, 코트이다. 이외에도 셔츠, 드레스, 슈트, 스웨터, 내의도 품종 분류에 들어간다.

　　　　품종을 세분화한 단계가 바로 품목(品目)이다. 품목은 아이템, 유닛(Unit)이라고도 불린다. 예를 들면 플레어 스커트, A라인 스커트, 플리츠 스커트는 스커트를 품목별로 분류한 것이다. 또한, 긴소매 블라우스와 반소매 블라우스로 품목을 나누기도 하고, 가격대별로 고가격 품목, 중간 가격 품목, 저가 품목 등 프라이스존(Price zone)으로 분류하기도 한다. 이러한 품목 단위는 상품 관리를 위한 수량 베이스를 기반으로 한다.

　　　　단품(單品)은 가장 세밀한 단계로 플레어 스커트를 소재와 문양, 색상, 사이즈 가격, 디테일로 나누는 것이다. 따라서 보통 코디네이트를 한다고 하면 단품을 단위로 한다. 〈표 1−5〉에 따른 명칭을 익히면 단품별 코디네이트의 기초 실력을 쌓을 수 있다.

Do it! yourself

샤넬 슈트, 트렌치코트, 셔츠 블라우스, 블루종 재킷, 스타디움 점퍼, 탱크톱, 아노락 점퍼, 더플코트를 찾아보고 해당되는 사진이나 도식화를 스스로 그려보자.

샤넬 슈트	트렌치코트	셔츠 블라우스	블루종 재킷
스타디움 점퍼	아노락 점퍼	탱크톱	더플코트

표 1-5 여성복의 종류에 따른 아이템의 명칭

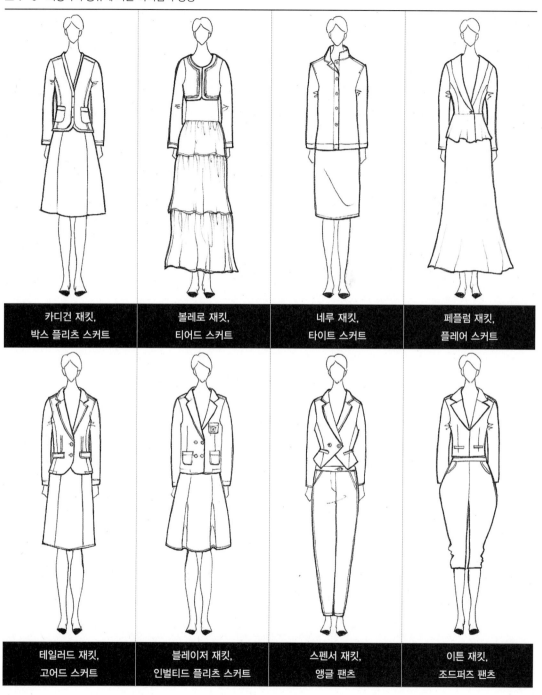

카디건 재킷, 박스 플리츠 스커트	볼레로 재킷, 티어드 스커트	네루 재킷, 타이트 스커트	페플럼 재킷, 플레어 스커트
테일러드 재킷, 고어드 스커트	블레이저 재킷, 인벌티드 플리츠 스커트	스펜서 재킷, 앵글 팬츠	이튼 재킷, 조드퍼즈 팬츠

Do it!
yourself

자신이 평소 즐겨 입는 의복의 명칭을 조사하고 정리해보자.

(4) 색채

색채란 색상에 명도와 채도가 가미된 색이다. 색상은 색의 다른 이름이며, 명도는 색의 밝고 어두운 정도를, 채도는 색의 맑고 탁한 정도를 말한다. 패션에서 색채를 선택할 때는 체계적인 색채 이론을 바탕으로 하여 유행이 예측되는 것을 선택하는 것이 중요하다.

색의 개념 및 특성

빛은 광선(光線)으로 색채의 근원이 된다. 어두운 곳에서 색을 분간할 수 없는 것은 색이 실제로 존재하지 않는 물리적인 현상이기 때문이다. 빛이 눈에서 지각(知覺, Perception)된 후 시신경을 자극하는 것이 감각이다. 이 감각이 뇌로 지각되어 색채를 구별할 수 있게 된다. 색채의 지각은 곧 뇌의 지각으로 물체를 보이는 대로 감각적으로 보지 않는다. 뇌에서 보려고 하는 대로 보는 경향이 있는데, 이를 지각이라 한다. 예를 들면 손에 들고 있는 것을 보지 못하고 다른 곳에서 찾는 경우, 눈에는 보이지만 뇌에서는 지각을 하지 못해 벌어지는 현상이다.

태양광선에는 색의 성립에 관계없는 X선이나 적외선, 자외선 등도 포함되어있는데 색의 성립에 관계가 있는 광선은 결국 색의 존재를 통하여 확인되기 때문에 가시광선(可視光線)이라고 부른다. 가시광선은 390에서 760 뉴런에 해당하는데 450 뉴런 이후는 보라색에 해당하며 450 뉴런까지는 남색, 파랑, 초록, 노랑, 주황, 빨강 등 연속적으로 색이 존재한다.

물체의 색은 빛이 있는 상태에서 발현된다. 흰색(White)은 빛이 물체의 표면에서 난사되었을 때 나타나고, 검정(Black)은 빛이 물체 표면에서 모두 흡수되있을 때 나타닌다. 할로겐이나 파랑 광원의 형광등과 빨강, 흰색 광원의 백열등은 고유의 파장을 지니고 있다. 이러한 광원의 차이로 인해 물체의 색이 달라 보이기도 한다. 태양광선이 없는 경우 형광등과 백열등을 합한 광원이 태양과 가장 유사한 빛이다.

- **색채의 혼합** 빛의 삼원색을 이용하는 가법혼합과 색의 삼원색을 이용하는 감법혼합이 있다. 가법혼합에서는 스펙트럼의 단파장, 중파장, 장파장의 빛인 보랏빛을 띤 파랑과 초록빛, 노란빛을 띤 빨강이 빛의 삼원색이 된다. 이들을 혼합하면 명도가 높아지며 색이 겹쳐진 부분이 더 밝아진다. 감법혼합은 염료, 물감 등 색료의 혼합으로 색이 겹쳐지면 빛의 양의 줄어들고 어두워진다. 색의 삼원색은 보랏빛을 띤 빨강과 노랑, 초록빛을 띤 파랑이다.
- **색의 대비(Contrast)** 두 가지 이상의 색이 서로 인접해 있을 때 인접색의 영향을 받아 실제 색과 다르게 보이는 시각현상이다. 색의 대비에는 색상대비, 명도대비, 보색대비, 한난대비, 채도대비, 면적대비가 있다.

색상이 다른 두 색을 대비시킬 때 생기는 색상대비는 강렬하고 생생한 표현으로 선명한 느낌을 주지만 지나치면 원시적이고 불쾌감을 줄 수 있다. 명도대비는 명도 차가 큰 두 색을 대비시켜 지루함을 피하고 흥미를 유발하고자 할 때 사용한다. 보통 고명도일 때 돌출되거나 팽창되어 보이고 저명도일 때는 후퇴되거나 축소되어 보인다. 그러므로 저명도와 고명도가 대비되면 색상이 눈에 덜 띄는 반면 시각적으로 돋보이는 현상은 극대화된다. 뒤에서 잔상 효과[†]를 설명하겠지만, 보색대비에서는 잔상효과로 대비되는 두 색이 더욱 선명해 보이며 시원하고 산뜻한 안정감을 준다. 보색대비는 색상환에서 서로 마주보는 반대의 두 색을 대비시키는 것을 말한다. 빨강과 청록, 노랑과 남색, 주황과 파랑, 연두와 보라, 초록과 자주가 보색대비에 속하며 이는 경쾌하고 생동감 있는 스포티브 패션스타일이나 강렬하고 화려한 에스닉 패션스타일에 많이 사용된다.

　　　따뜻한 색과 차가운 색을 대비시키는 한난대비는 채도가 높으면 그 효과가 크게 나타나지만 채도와 명도가 약해지면 부드러운 느낌이 든다. 채도가 다른 색을 대비시키는 채도대비는 순색과 무채색처럼 서로 채도 차이가 큰 두 색을 대비시키면 순색은 더욱 선명해지고 무채색은 흐리게 보인다. 면적대비는 색의 면적 차이로 인해 생기는 효과이다. 의복에서 주조색과 악센트 컬러를 사용하는 것이 바로 면적대비의 예가 된다. 앞의 색상대비, 명도대비, 채도대비 모두 면적대비도 될 수 있다.

Do it! yourself

앞의 설명을 숙지하고 아래의 색채대비 사례에 해당하는 패션 사진을 찾아 붙여보자.

색상대비	명도대비	보색대비

한난대비	채도대비	면적대비

† 한 색의 잔상은 색을 보다가 다른 색을 보면 이전 색이 없어진 후에도 계속 이전의 색이 눈에 잔상으로 남는다.

- **색의 삼속성** 색상, 명도, 채도의 세 가지 중요한 성질을 말한다. 색상은 색상환에 있는 색으로 색상환에서 물리적인 빛의 파장 차이에 따라 각 위치를 표시한 것이다. 가장 일반적으로 많이 사용하는 먼셀 색상환은 빨강, 노랑, 초록, 파랑, 보라의 다섯 가지 색을 기본으로 하고 그 사이에 다섯 가지 색을 지정하여 모두 10가지 색상으로 분류한다. 이 색상들은 각 색상마다 10개씩 분류되어 전체가 100종의 색상으로 다시 분류된다. 먼셀 색상환 다음으로 오스트발트 색상환을 많이 사용하는데 여기서는 빨강, 주황, 노랑, 초록, 파랑, 보라의 여섯 가지 색과 초록, 파랑을 두 가지로 분류하여 모두 여덟 가지 색을 기본색으로 하고 각각을 3단계로 나누어 24색을 기본으로 한다.

  명도는 색의 밝고 어두운 정도를 말하는 것으로 표준은 흰색에서 회색, 검정으로 이르는 무채색 단계로 표현되고 이를 명도척(Value scale)이라고 부른다. 명도가 높은 색은 확장되어 보이며 가볍고 경쾌한 느낌을 주고, 명도가 낮은 색은 수축되어 보이며 무겁고 가라앉은 느낌을 준다.

  채도는 색의 탁하고 맑은 정도를 일컫는 것으로 비비드(Vivid) 컬러와 같은 명도의 회색을 더하면 순색과 회색 사이에 색의 단계에 의해 구분 가능한 채도 차이가 생기게 된다. 중명도의 색상이 채도 차의 폭이 크고 고명도나 저명도의 색상에서는 채도 차의 폭이 좁다. 일반적으로 채도가 낮은 색은 부드럽고 약하며 소박한 느낌을 주고, 톤 표 무채색과 가까운 곳에 위치한다. 채도가 높은 색은 색입체의 가장 바깥쪽에 위치하며 강렬하고 딱딱하며 예민한 인상을 준다.

색체계

- **먼셀 색상환** 색상환은 색상의 표준을 지정하여 컬러칩을 둥글게 만든 것이다. 일반적으로 가장 채도가 높은 순색으로 색상환을 구성하는데 먼셀의 표색계[†]와 오스트발트 표색계가 널리 사용된다. 먼셀 표색계는 빨강, 노랑, 녹색, 파랑, 보라의 1차색을 5가지 기본색으로 추출한 다음 보색이 색상환의 반대 위치에 오도록 하여 20색상으로 완성한 것이다. 5가지 기본색 사이사이에 2차색인 주황, 황록, 청록, 청자색을 배치하여 20색상을 만든다.

  색입체는 색을 3차원으로 나타낸 것으로 색채의 삼속성인 색상, 명도, 채도의 관계를 입체적으로 배열하여 조립한 것이다. 중심축에 명도 단계가 있고 세로인 종단면에 보색 관계에 있는 두 색상의 명도와 채도 변화가 표시된다. 가로인 횡단면은 같은 명도에 있어서 각 색상의 채도 변화가 표시된다. 무채색을 축으로 하여 색상환의 순서대로 나열하면 색입체가 된다.

  먼셀의 표색계에서는 명도를 9단계로 나눈다. 먼셀의 색입체가 울퉁불퉁한데 이것이 오스트발트 색입체와 가장 큰 차이이다. 오스트발트 색입체에서는 명도가 같다는 전제하에 표시하게 된다. 오스트발트 표색계는 의복 배색에 적합하여 패션 분야에서 많이 사용된다. 기본색을 R, B, G, Y의 4개로 하고 주황, 보라, 청록(맑은청록: 먼셀과 색이 다름), 황록의 8가지 색이 기본

---

† 표색계란 색을 표시하는 방법으로 색상환, 색입체를 일컫는 말이다.

Do it! yourself

앞의 설명을 숙지하고 먼셀 20 색상환에 해당하는 컬러칩(색종이)을 찾아 붙여보자. 색명도 함께 기입 해보자.

이 된다. 명도와 채도는 8단계로 표시된다. 이외에도 한국공업규격(K.S)의 섬유색채계가 있는데 이는 먼셀 시스템에 기반을 두고 있다. 국제적으로는 펜톤(Pantone) 색체계를 주로 사용하는데 최근에는 국내에서도 많은 색이 표시되어있다는 장점 때문에 이를 널리 사용하고 있다.

- **색조(Tone)** 각 색상에 명도와 채도가 가미된 것을 말한다. 톤이라고도 부르며 이러한 톤을 분류하는 것으로는 ISCC-NBS와 PCCS가 있다. 그중에서도 일본색채연구소가 정한 P.C.C.S(일본 색연 배색체계)가 국내 패션업계에서 많이 사용된다.

다음 Do it! yourself 코너 톤 분류표의 가로축은 채도를 나타내고, 세로축은 명도를 나타낸다. 가로축에서 가장 오른쪽이 채도가 높고 왼쪽으로 갈수록 낮아지는데 그러므로 가장 오른쪽에는 순색인 비비드(Vivid)톤이 오고 왼쪽에는 가장 채도가 낮은 무채색인 모노톤(Mono tone)이 온다. 세로축은 명도를 나타내는데 위쪽은 명도가 높고 아래로 내려갈수록 명도가 낮아진다. 그러므로 그림에서 보듯 흰색이 가장 높은 곳에 위치해서 명도가 높고 검은색의 위치가 가장 낮아 명도가 낮은 것을 알 수 있다. 중명도의 오른쪽 끝에는 1차색인 비비드톤이 온다.

페일톤(Pale tone)은 창백하고 희미한 색조로 흔히 파스텔톤이라고 부르기도 한다. 라이트톤(Light tone)은 연한색이고 브라이트톤(Bright tone)은 밝은색이다. 1차색 순색으로 이루어진 비비드톤(Vivid tone)은 산뜻하고 선명한 것이 특징이며 채도는 가장 높지만 명도는 중간에 해당된다. 스트롱톤(Strong tone)은 비비드톤보다 채도는 떨어지지만 강렬하며 덜톤은(Dull tone)은 중채도, 중명도의 우중충한 색이다. 딥톤(Deep tone)은 명도는 낮으나 채도는 높은 편으로 어둡고 깊은 색조이다. 다크톤(Dark tone)은 저명도이면서 채도가 높지 않은 색으로 명도가 낮아 어두운색이다. 톤 표의 왼쪽에는 위부터 아래까지 흰색부터 검은색까지 모노톤이 나열되며 바로 오른쪽에 그레이시톤(Grayish tone)이 인접한다. 그레이시톤은 이름 그대로 회색이 혼합된 색으로 부드럽고 온화한 특징이 있다.

Do it!
yourself
앞의 설명을 숙지하고 다음의 PCCS톤에 해당하는 컬러칩(색종이)을 스스로 붙여보자.

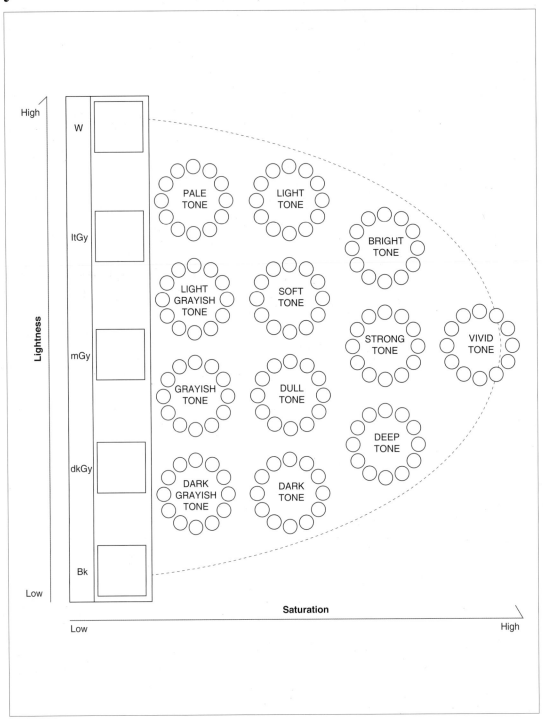

색의 상징성 및 심리적인 특성

색은 눈으로 지각될 뿐만 아니라, 심리적으로 받아들여진다. 심리적인 영향이나 기호는 사회·문화적인 배경에 따라 상이한 차이가 있다. 색의 상징성은 연상에서 출발한다. 예를 들어 노란색을 보면 황금이나 해바라기가 연상되고, 빨간색을 보면 피가 연상된다. 이러한 연상은 개인의 연령, 성별, 과거 경력과 경험, 살고 있는 곳의 문화적인 배경, 자연의 영향에 따라 달라진다. 어른들은 빨간색을 보고 피나 열정을 떠올리지만 아이들은 산타클로스나 소방차를 연상한다(표 1-6).

　　패션에서 색채의 특성은 온도감, 중량감, 면적감, 운동감, 심리적인 효과가 있다. 온도감은 빨강, 노랑, 주황의 난(暖)색 계열과 파랑, 초록의 한(寒)이 대비되면서 조화를 이룰 때 느껴진다. 보통 어두운색은 무겁고 밝은색은 가볍게 대비되어 중량감을 나타낸다. 면적감은 팽창색에 해당하는 난색 계열과 명도가 높은 색이 수축색에 해당하는 한색 계열과 어두운색 계열과 대비되면서 느낄 수 있다. 운동감은 난색이 주는 전진감과 한색이 주는 후퇴감을 통해 알 수 있다. 심리적인 효과는 색의 상징성과 연상되는 단어들이 심리적으로 느껴지면서 나타나는데, 예를 들어 페일톤의 유아복은 연령에 맞는 심리적 효과를 준다.

표 1-6 색의 상징성

색명	연상되는 단어
빨강	활동, 열기, 정열, 용기, 건강, 애정, 혁명, 주의, 입술, 태양, 불, 피, 원시인, 적십자, 소방차, 정지
어두운 빨강	질투, 공포, 노여움, 죄, 초조, 증오
주황	풍요, 충실, 미래, 우정, 양기, 적극, 원기, 죄, 고백, 자유분방, 감, 귤, 가을
노랑	태양, 황금, 빛, 지혜, 영광, 위엄, 부유, 쾌활, 양기, 꿈, 충성, 신성, 희망, 광명, 평화, 경박, 바람기, 해바라기, 별, 안전
초록	자연, 휴식, 행복, 우애, 가정, 성장, 지성, 공평, 식물, 숲, 생명, 신호등, 성실, 평화, 침착, 온화
파랑	청춘, 진리, 자신, 영구, 희망, 미래, 진실, 냉정, 미완성, 청년, 푸른 하늘, 바다, 물, 적막, 보수적, 수동적
보라	권위, 존경, 신앙, 신비, 고귀, 우아, 고독, 경솔, 포도, 와인, 숭고, 거만함, 슬픔, 영원, 환상
하양	평화, 순결, 신성, 성실, 담백, 소박, 청초, 신앙, 섬세, 내성적, 눈, 구름, 백치, 백기, 간호원, 자유, 정숙, 정의
검정	신비, 정적, 비애, 암흑, 불안, 부정, 절망, 영원, 불길, 범죄, 고민, 울음, 사악, 폭력, 죽음, 폐쇄, 악마, 고통, 종료
회색	냉담, 멸망, 우울, 흐린날, 안개, 겨울, 환자, 양복, 악몽, 겸손, 중용, 평범, 공해, 돌, 실망

패션의 색채

- **유행색** 패션에서 유행색은 패션상품의 유행과 같이 움직이므로 그에 대한 이해가 꼭 필요하다. 패션에서 유행색은 2년에서 1년 6개월 전에 관련 기관에서 발표된다. 관련 기관에는 국제유행색협회와 산하의 각국 유행색협회 등이 있다. 우리나라에서는 1992년에 한국유행색협회가 활동을 시작했고 2001년에 한국패션컬러센터로 다시 시작하였으며, 2003년에는 (재)한국컬러앤드패션트렌드센터로, 2017년에는 한국패션유통정보연구원으로 명칭을 바꿔 그 명맥을 이어오고 있다. 이외에 국제양모사무국에서도 유행색을 포함한 패션트렌드 예측 정보를 내놓고 있다.

  팬톤(Pantone) 사는 유행색을 예측해 컬러칩을 발행하는데, 이는 색이 필요한 모든 분야에 적용된다. 팬톤 컬러칩은 규격화·표준화되어 수백에서 수만 가지의 색을 말로 전하기 힘들 때 유용하게 사용된다. 예를 들어 붉은기미의 노란색이라고 말하거나 표기하면 몇 퍼센트의 붉은색이 노란색에 가미된 것인지, 붉은색이라고 하는 것이 마젠타인지 아니면 선홍색인지도 알 수 없다. 이럴 때 팬톤 컬러 120C라고 말하면 소통이 정확해진다. 요즈음은 간단하게 인터넷을 검색하는 것으로도 유행색 정보를 얻을 수 있을 만큼, 유행색에 대한 대중의 인식이 보편화되어 있다.

- **패션색채 기획** 패션상품과 관련된 곳 중 유행색에 대한 정보를 바탕으로 일하는 곳으로는 실가공업체, 원단 직물업체, 염색 가공업체 등이 있다. 이들은 어패럴(Apparel)[†] 업체에 원단을 제안할 때 색채 기획된 무드맵과 콘셉트를 같이 제공한다. 물론 유행색 예측 정보를 제공하는 기관에서도 유행색의 콘셉트를 정해놓고 파생되는 색을 추출하여 제안한다. 이를 바탕으로 의류 제조업체인 패션브랜드에서 신상품 기획 시 〈그림 1-36〉과 같이 컬러 기획을 동시에 진행한다.

  〈그림 1-36〉는 모던(Modern)을 테마로 한 컬러 무드맵이다. 〈그림 1-37〉은 에스닉(Ethnic)을 테마로 한 컬러 무드맵이다. 컬러 무드맵은 색채 기획 시 영감의 원천이 되는 모티프들을 조합하여 콜라주하는 것이다. 컬러 무드맵의 모티프로는 사계절이 표현된 산·호수·숲 등의 자연물·꽃·열매·앵무새 등 아름다운 컬러를 보여주는 동식물, 채소 등의 식재료, 완성된 요리, 건축물, 인테리어, 화장품, 페인트 등이 있다. 실이나 직물의 염색 전 단계에서 컬러 무드맵을 만드는 경우가 많기 때문에 의류를 착용한 패션 사진은 되도록 사용하지 않는 것이 권장된다.

  패션브랜드들은 이 컬러 무드맵으로부터 새 시즌 패션디자인 기획 시 적용할 메인컬러, 트렌드 컬러, 악센트 컬러를 추출하여 옆에 같이 제시한다. 트렌드 컬러는 각종 색채정보기관에서 제공하는 것을 참조하여 선택하면 된다. 〈그림 1-36~37〉의 양식에 나타난 색채 톤 분석도 기획 단계에서 제작한다.

---

† 패션 머천다이징 과정을 거친 의류 상품을 말한다. 미국에서는 의류 관련 산업을 어패럴 인더스트리라고 하며 한국에서는 여성복 어패럴 메이커, 어패럴 디자이너라고 부를 때 많이 사용한다.

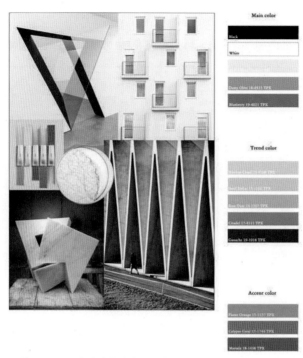

그림 1-36 모던 이미지 컬러 무드맵

그림 1-37 에스닉 이미지 컬러 무드맵

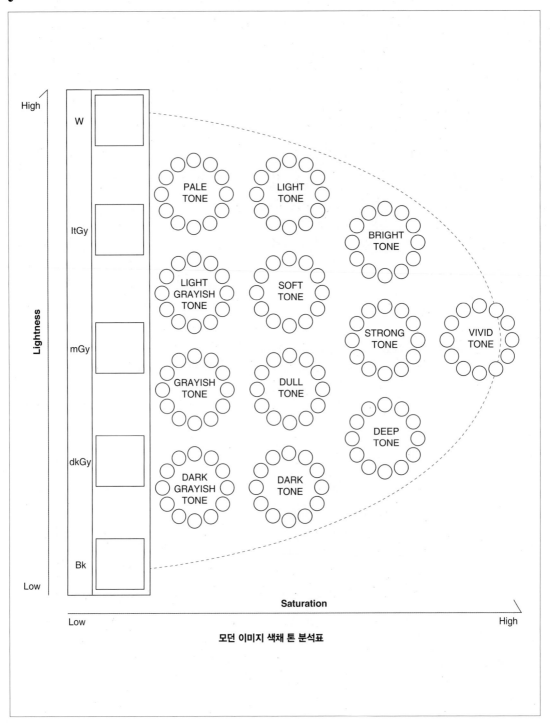

모던 이미지 색채 톤 분석표

〈그림 1-37〉의 에스닉 이미지로 기획된 색채를 PCCS 톤 분류표에 맞추어 컬러칩을 붙여보자.

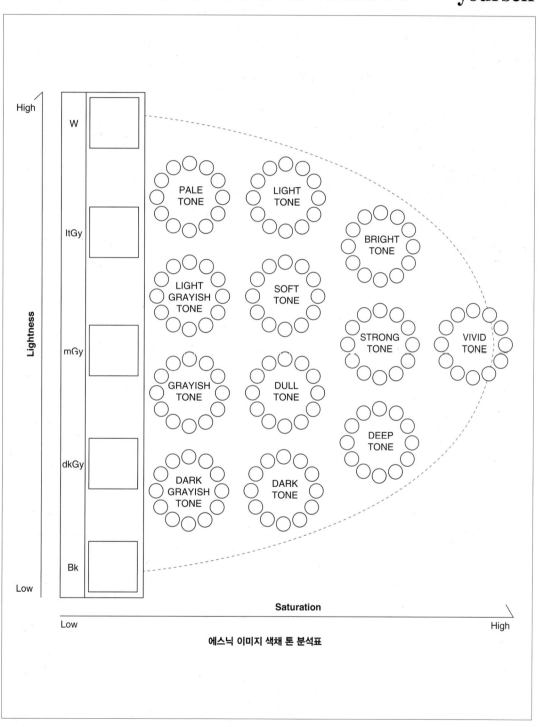

에스닉 이미지 색채 톤 분석표

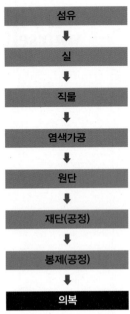

섬유

↓

실

↓

직물

↓

염색가공

↓

원단

↓

재단(공정)

↓

봉제(공정)

↓

의복

그림 1-38 의류 소재 공정

(5) 의류 소재

패션에서 소재는 의류와 가방, 구두 등의 잡화 사용되는 것으로 크게 직물(Fabric), 편물(Knit)로 나누어진다. 이외에도 가죽(Leather), 부직포(Non woven), 비닐(Vinyl), 금속(Metal) 등이 있다. 직물과 편물은 섬유로 만들어지고 섬유에 대한 고찰은 섬유 소재 관련 교재에서 자세히 다루고 있으므로, 여기서는 간략하게나마 섬유의 종류에 대해 설명하고 실제 산업체에서 유용한 자료 위주로 살펴보겠다. 즉, 의류 소재의 전공 지식에 해당하는 섬유와 실의 분류, 직물과 편물의 물리적인 성질, 염색을 비롯한 특수 가공 분야에 대해서는 생략하도록 한다.

　　의류 소재(服地)란 의복의 재료가 되는 천을 말하는데, 보통 패브릭(Fabric)이나 클로스(Cloth)로도 불린다. 이는 근본이 되는 재료를 의미하며 영어로는 머터리얼(Material)이라고 한다. 〈그림 1-38〉은 섬유가 의류 소재를 거쳐 의복이 되는 과정을 보여준다.

의류의 다양한 분류

• **소재 구성에 따른 분류**　방사원액으로 만든 의류 소재로는 스펀지, 필름(산업용)이 있다. 섬유로 만든 의류 소재로는 펠트, 부직포가 있다. 직조방법에 따라서는 직물(織物), 편성물(編成物), 레이스, 그물, 평면 블레이드, 원형 블레이드 등으로 나눌 수 있다. 〈그림 1-39〉는 실로 짠 직물의 구조로 씨실과 날실이 교차되면서 직조된다. 〈그림 1-40〉은 실을 서로 걸면서 직조하는 편성물의 구조를 보여준다.

　　직물은 영어로 우븐(Woven)이라고 하며 씨실과 날실이 서로 교차되면서 직조되는 것을 말한다. 직조방법에는 평직, 능직, 수자직이 있으며 우리가 아는 청바지의 소재인 데님이 능직으로 짜여진 것이다. 광택이 있으나 내구성이 약한 실크는 수자직의 대표적인 예이다. 이에 비해 편물은 영어로 니트(Knit)라고 하며, 실의 코를 잡아 연결해서 짠 것으로 우븐에 비해 신축성이

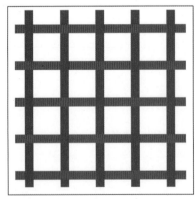

그림 1-39 직물 구조

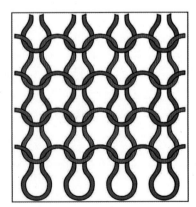

그림 1-40 편성물 구조

그림 1-41 전통적인 직조 모습

그림 1-42 현대적인 직조 모습

좋다. 우리가 흔히 아는 스웨터(Sweater)뿐만 아니라 신축성 좋은 속옷이나 티셔츠도 니트인 경우가 많다. 이는 저지(Jersey), 메리야스로도 불린다.

편성물도 영어로 니트이며 직물에 비해 직조방법의 차이에 따라 짜임만으로도 스판과 같은 신축성이 생긴다. 그러므로 신축성이 매우 뛰어나다. 함기성 또한 직물보다 좋아 보온효과가 높다. 구김이 직물보다 훨씬 적게 가고 올 사이에 공간이 있어 강도는 약하다. 전선이라는 올풀림 현상이 있다. 컬업(Curl up)은 편성물의 특징 중 하나로, 원단 커팅 시 테두리가 말리는 현상이다. 이외에도 다층으로 구성된 의류 소재인 솜누빔, 합포가 있으며 가죽과 모피도 의류 소재의 한 종류이다.

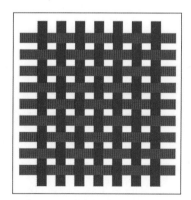 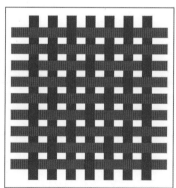 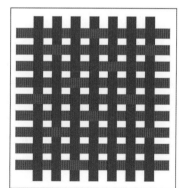

그림 1-43 평직, 능직, 수자직

Do it!
yourself
평직, 능직, 수자직의 특징을 각각 적어보고 대표적인 원단을 찾아보자.

구분	특징	대표적인 원단
평직		
능직		
수자직		

- **문양에 따른 분류** 의류 소재는 문양이 있고 없음에 따라서도 분류할 수 있다. 문양이 없는 소재는 솔리드(Solid), 부르고 문양 있는 소재는 패턴물이라고 부른다. 문양은 구조적인 것과 인위적인 것으로 구분되고 구조적인 것은 또다시 자연적인 문양, 인공적인 문양으로 나누어진다. 인위적인 것에는 기하학적(점, 선, 도형, 체크 포함) 문양, 동물 문양, 식물문양, 제품(인간이 만들어 낸 것) 문양, 자연 문양, 스토리 문양, 상징 문양 등 일곱 가지로 분류할 수 있다. 이는 모티프의 종류에 따라 나누는 것이다. 한편, 모티프의 배열방법에 따라 전면 패턴, 네 방향 패턴, 두 방향 패턴, 한 방향 패턴, 보더 패턴, 스페이스드 패턴으로도 분류할 수 있다.

각 패턴의 특징에 해당되는 실제 사례 사진을 찾아 붙여보자.

구분	패턴의 특징	실제 사례
전면 패턴	어느 방향에서나 똑같은 효과를 주어 문양을 맞추는 데 어려움이 없다.	
네 방향 패턴	위사, 경사 두 방향(90°)에서 같은 효과를 준다. 점무늬 체크 등이 이에 해당된다.	
두 방향 패턴	서로 마주보게 배열한 것으로 180° 방향에서 같은 효과를 이룬다. 줄무늬 등이 있다.	
한 방향 패턴	한 방향에서만 효과를 주므로 재단 시 유의하지 않으면 균형이 깨지거나 뒤집혀 보인다.	
보더 패턴	패브릭 가장자리에 주요 모티프를 단으로 처리한 것으로 스커트 밑단, 칼라, 주머니, 소매와 재킷의 끝단으로 사용한다.	

(계속)

구분	패턴의 특징	실제 사례
스페이스드 패턴	하나의 모티프가 독립적으로 사용된 것으로 스카프에 많이 나타난다.	

- **텍스처(Texture)에 따른 분류**   의류 소재의 재질은 텍스처라고도 불리는데, 텍스처는 촉감을 의미한다. 주로 시각, 촉각을 중심으로 지각되는 느낌으로 손으로 만지거나 피부에 닿았을 때의 감각적인 느낌이다. 보통 부드럽다, 뻣뻣하다, 얇다, 두껍다 등으로 분류하고 광택의 유무, 비침 정도, 벌키성 등으로 세분화할 수 있다. 즉, 시각적으로 빛에 대한 반응 정도로 나타나는 재질의 특성에 의해 재질감이 형성되기도 한다. 그 밖에도 의복 단면의 특성과 마찰력에 따라 분류하기도 하고 태(형태)의 특성에 따라 분류하기도 한다. 태의 특성은 유연성(Flexibility)과 탄성회복률(Resiliency), 밀도(Density)에 따라 결정되는데 유연성은 드레이프(Drape)성과 관련이 있다.
- **기능성에 따른 분류**   의류 소재는 직조 후 여러 특수가공을 표면에 하게 되는데 그때 소재가 여러 가지 기능성을 갖게 된다. 예를 들어 면 100%인 경우 주름이나 구김이 많이 생기기 때문에 합성직물과 혼방하거나 표면에 주름방지가공을 하게 된다. 보온성이나 흡습성, 통기성은 위생을 위해서 기본적으로 필요한 기능성이다. 내구성, 염색·땀·일광·세탁 견뢰도 등은 실용성 측면에서 꼭 필요한 요소이다. 그러므로 착용목적에 따라 여러 기능성을 충분히 고려한 후 의복 제작에 반영해야 한다.
- **어패럴 제작을 조건으로 하는 분류**   의류 소재를 봉제하여 어패럴로 완성할 때는 신축성, 드레이프성, 열가소성 등도 고려해야 한다. 신축성이 좋은 의류 소재는 몸에 밀착되도록 여유분이 적어도 되므로 이를 고려하여 제작한다. 이렇게 하면 착용 시 신축성이 적은 의류 소재를 사용했을 때보다 훨씬 활동하기가 편하지만 의복 모양이 일정하게 유지되는 실루엣성과는 거리가 멀어지게 된다. 드레이프성은 가볍고 부드러운 의류 소재에 많이 나타나며 두껍고 뻣뻣할수록 드레이프성이 떨어지게 된다. 열가소성이 좋은 의류 소재는 기계 주름인 플리츠(Pleats)를 만들기에 적당하다. 따라서 열가소성이 뛰어난 폴리에스테르를 모직물과 혼방해서 교복 주름 스커트 제작 시 사용하게 된다.

실무에서 많이 사용하는 의류 소재

- **천연 식물성 섬유_면섬유**   천연섬유 중 목화를 원료로 하는 식물성 섬유이다. 장점은 흡습성이 뛰어나 땀 흡수, 염색이 잘되며 정전기가 없다는 것이다. 또 알칼리성 세제에 의한 물세탁이 가

능하며 세탁 시 강도가 증가한다. 따라서 알칼리성 세제를 넣고 고온에 삶는 것이 가능하므로 속옷, 수건, 행주로 쓰기에 아주 적합하다. 열에 강하므로 다림질도 고온에서 하면 된다. 다림질을 할 때 패브릭 위 덮개로 광목을 많이 사용하는 것도 이러한 이유 때문이다. 단점은 잘 구겨진다는 것으로 구김방지가공이나 합성섬유와 혼방하여 이를 해결하고는 한다. 값싼 합성섬유와의 혼방으로 가격을 낮추기도 한다.

다음 표는 면섬유로 상품화된 직물과 편성물이다. 소재의 특징에 따라 실물 패브릭 스와치 및 실제의 예가 되는 의류 제품 사진을 붙여보자.

Do it! yourself

소재	특이사항	패브릭 스와치	실제 사진
트윌	경위사에 10수 이상 굵은 면사를 사용함, 능직, 투박하고 질김		예: 트렌치코트, 바지
면주자	수자직, 고밀도로 광택이 남, 구김이 덜함		예: 원피스 드레스, 바지, 잠옷
30수 면	60수에 비해 두께가 두껍고 투박		예: 와이셔츠
60수 아사면	30수보다 숫자가 커질수록 얇고 부드러우며, 얇고 섬세함		예: 여성용 블라우스, 원피스 드레스

(계속)

소재	특이사항	패브릭 스와치	실제 사진
개버딘	원래 모사 직물이나 면으로 직조한 것으로 표면에 사선이 강하게 보임, 후염 가공		예: 버버리 트렌치코트
데님	경능직 직물, 생지 상태, 워싱 가공을 통해 색의 농도를 조정		예: 청바지
면쭈리	뒷면이 파일직 형태로 된 원단 (타올직), 면은 소재 이름이고 쭈리는 짜는 방법을 의미		예: 후드 티셔츠, 맨투맨 티셔츠,
미니쭈리	얇은 쭈리 원단		예: 여름용 맨투맨 셔츠, 저지 원피스 드레스
30수 싱글 다이마루	싱글은 단면 짜임, 30수는 짜임 굵기, 다이마루는 니트, 저지의 일본식 표현		예: 스포츠웨어 티셔츠

(계속)

소재	특이사항	패브릭 스와치	실제 사진
후라이스	후라이스는 양면 짜임으로 싱글에 비해 두꺼움		예: 두꺼운 티셔츠

- **천연 식물성 섬유_마섬유**   대마나 삼의 껍질에서 뽑아낸 실로 방적한 식물성 섬유다. 천연섬유 중 가장 강하며 흡습성이 좋아 여름용 의류 소재로 애용된다. 뻣뻣하고 잘 구겨진다는 단점이 있어 다림질하기 어려우나 합성섬유와의 혼방을 통해 이러한 단점을 해결하기도 한다.

다음 표는 마섬유로 상품화된 직물과 편성물이다. 소재의 특징에 따라 실물 패브릭 스와치 및 실제의 예가 되는 의류 제품 사진을 붙여보자.

**Do it!
yourself**

소재	특이사항	패브릭 스와치	실제 사진
모시	저마라고도 불리는 모시풀의 줄기에서 추출한 섬유로 한산모시가 유명		예: 모시 적삼, 모시 치마 저고리
리넨	여름 셔츠 및 재킷으로 많이 사용되는 소재로 구김이 많이 감		예: 셔츠, 재킷

- **천연 동물성 섬유_모섬유**   동물의 털을 가공한 동물성 섬유이다. 보통 모섬유라 하면 양털을 이야기한다. 그 외에 토끼(앙고라), 낙타(알파카)의 헤어 섬유를 의류 소재로 많이 사용한다. 동물의 털이 원료이기에 태우면 머리카락 타는 냄새가 난다. 섬유 표면에 털비늘이 있어 공기 함유량이 다른 섬유보다 많기 때문에 겨울에는 따뜻하고 여름에는 시원하다는 장점이 있다. 더불어

구김이 생기지 않고 봉제성과 드레이프성이 좋아 디자이너들이 선호하는 고급 의류이다. 단점은 강도가 매우 약하고 해충에서 취약하므로 보관 시 유의해야 한다. 알칼리성 세제와 고온에서는 섬유 표면이 엉기는 축용성이 나타나므로 중성세제에 의한 가벼운 손세탁이나 드라이클리닝을 해야 한다.

Do it! yourself

다음 표는 모섬유로 상품화된 직물과 편성물이다. 소재의 특징에 따라 실물 패브릭 스와치 및 실제의 예가 되는 의류 제품 사진을 붙여보자.

소재	특이사항	패브릭 스와치	실제 사진
울	• 양털 • 봉제성, 드레이프성 우수 • 천연섬유 중 활용 범위가 매우 넓은 고급 섬유		예: 재킷류, 코트류, 슈트류
캐시미어	• 캐시미어 염소 • 광택과 촉감 우수 • 섬세하고 가는 실 • 최고급 섬유		예: 니트 스웨터 셔츠, 코트, 목도리
알파카	• 낙타과 원단 • 최고급 아우터 • 장모섬유 • 헤어/털		예: 코트류
트위드	• 굵은 방모사를 능조직으로 짠 두껍고 투박하며 거친 느낌(컬러 믹스 가능)		예: 샤넬 슈트, 코트류

- **천연 동물성 섬유_견섬유**   견섬유는 천연 섬유 중 가장 질기며 염색성이 우수하다. 견섬유의 3대 특징으로는 광택, 견명이 사각거리는 소리, 매끄러운 촉감을 들 수 있다. 이러한 장점과 더불어 드레이프성이 우수하여 고급 의류나 파티용 드레스, 넥타이에 많이 사용된다. 단점은 햇빛과 땀에 약하다는 것으로 세탁견뢰도가 낮아 드라이클리닝이 권유된다. 물세탁 시 중성세제로 손세탁하여 그늘에 말려야 한다.

다음 표는 견섬유로 상품화된 직물과 편성물이다. 소재의 특징에 따라 실물 패브릭 스와치 및 실제의 예가 되는 의류 제품 사진을 붙여보자.

Do it!
yourself

소재	특이사항	패브릭 스와치	실제 사진
실크	광택, 견명, 촉감이 우수		예: 파티용 드레스, 넥타이
공단	수자직 직물, 광택이 있으며 안감으로 많이 사용		예: 블라우스, 재킷 안감
벨벳	파일직으로 표면에 짧은 털이 있음 털의 방향에 따라 광택이 다르므로 재단 시 유의		예: 재킷류, 코트류, 슈트류
시폰	꼬임을 많이 준 견, 크레이프사로 짠 직물, 투명하게 비치는 특징이 있음, 가볍고 섬세		예: 블라우스, 스커트, 파티용 드레스

(계속)

소재	특이사항	패브릭 스와치	실제 사진
오간자	시폰과 비슷한 외관을 보이지만 시폰에 비해 뻣뻣함, 시스루의 특징이 있음, 한국의 노방과 비슷		예: 블라우스, 여름용 재킷류
크레이프	표면에 크랙과 같은 거친 터치감이 있는 직물, 다른 실크 제품이 소프트한 것과 달리 하드함		예: 슈트류
요루시폰	요루는 표면이 울퉁불퉁한 요철을 말함		예: 블라우스

- **인조 섬유_레이온** 레이온은 인조 재생섬유로 사용할 수 없는 천연원료인 펄프 등에 인공적인 조직을 하여 섬유로 뽑아낸 것이다. 셀룰로오스계 섬유인 비스코스 레이온을 많이 사용하는데 강도가 면의 절반 정도로 약하다. 흡습성이 높고 염색이 잘되는 장점이 있어 탈지면이나 위생용품으로 사용하기도 한다. 광택이 높아 자수실로 많이 쓰이며 표면이 매끄러워 안감으로도 많이 사용된다. 촉감이 차서 여름용 의류에 사용하기 적합하나 잘 구겨진다는 단점이 있다. 따라서 면이나 폴리에스터와 혼방하여 많이 사용한다.

다음 표는 재생섬유 중 레이온으로 상품화된 직물이다. 소재의 특징에 따라 실물 패브릭 스와치 및 실제의 예가 되는 의류 제품 사진을 붙여보자.

소재	특이사항	패브릭 스와치	실제 사진
레이온	• 레이온 100% 직물, 혹은 혼방하여 많이 사용함 • 인조섬유로 굵기나 길이 조절이 자유로워 면보다 다양한 용도로 사용		

• **인조섬유_아세테이트**　인조 재생섬유로 견을 모방하여 만들었으며 견과 같은 광택과 촉감을 낸다. 드레이프성이 있어 견 대용으로 쓰이는 최초의 열가소성 섬유다. 견과 반대의 성질이 있어 흡습성, 염색성은 낮으나 구김이 잘 생기지 않는다. 여성용 드레스, 넥타이, 란제리에 사용된다.

다음 표는 재생섬유 중 아세테이트로 상품화된 직물이다. 소재의 특징에 따라 실물 패브릭 스와치 및 실제의 예가 되는 의류 제품 사진을 붙여보자.

소재	특이사항	패브릭 스와치	실제 사진
아세테이트	광택감이 우수		예: 파티용 드레스, 넥타이, 란제리

• **3대 합성섬유_나일론**　3대 합성섬유인 나일론은 천연섬유인 견을 모방하여 인간이 만든 최초의 합성섬유이다. 강도가 높아 매우 질긴 섬유로 내구성이 요구되는 스타킹, 양말, 카펫에 많이 사용된다. 특히 편성물로 직조한 스타킹은 잘 늘어나는 성질이 있어 착용하기가 매우 유용하다. 중량이 가벼운 장점이 있어 낙하산, 안전벨트, 수영복, 바람막이, 등산용 패딩 등 기능성 의류에 사용하기에도 적합하다. 촉감이 부드럽고 유연하며 흐느적거리는 특징이 있어 란제리로도 사용된다. 염색성이 우수하지만 합성섬유의 일반적 성질인 열에 약하다는 단점이 있다.

**Do it!
yourself**

다음 표는 3대 합성섬유 중 나일론으로 상품화된 직물이다. 소재의 특징에 따라 실물 패브릭 스와치 및 실제의 예가 되는 의류 제품 사진을 붙여보자.

소재	특이사항	패브릭 스와치	실제 사진
나일론	• 견을 모방하여 만든 섬유로 광택감·촉감이 우수하나 흡습성이 낮아 여름철 착용 시 땀냄새가 날 수 있음 • 땀 배출이 되지 않음		예: 스타킹

• **3대 합성섬유_폴리에스테르**　3대 합성섬유인 폴리에스테르는 합성섬유 생산량의 65%를 차지할 정도로 활용도가 높다. 그만큼 관리가 쉽고 생산과정에서 방적, 즉 실로 만들기 쉽다. 더불어 혼방 시 다른 섬유와 잘 어울려 자신의 좋은 성질을 나타내어 섬유의 품질을 쉽게 개선할 수 있다. 가장 큰 장점은 열가소성이 우수하여 열을 이용한 승화전사, 기계주름 등 다양한 가공이 용이하다는 것이다. 탄성이 우수하여 구김이 잘 가지 않고 열에 약해 형태 변형도 용이하다. 그 밖의 특성은 다른 합성섬유와 비슷하여 질기고 강도가 크며 흡습성이 낮아 의류 착용 시 땀을 배출하지 못해 매우 불쾌할 수 있다는 것이다. 정전기도 잘 생겨서 겨울철에는 옷이 몸에 달라붙고 불쾌감을 유발하기 때문에 대전방지가공을 해야 한다.

**Do it!
yourself**

다음 표는 3대 합성섬유 중 폴리에스테르로 상품화된 직물이다. 소재의 특징에 따라 실물 패브릭 스와치 및 실제의 예가 되는 의류 제품 사진을 붙여보자.

소재	특이사항	패브릭 스와치	실제 사진
폴리에스테르	• 열가소성이 우수하여 열을 이용한 승화전사, 기계주름 등의 다양한 가공이 용이함 • 탄성이 우수해 구김이 잘 가지 않고 열에 약해 형태 변형이 용이		예: 플리츠 드레스

- **3대 합성섬유_아크릴** 아크릴은 모섬유를 모방하여 만든 것으로, 모섬유의 장점을 많이 갖고 있다. 보온성이 우수하여 겨울용 스웨터, 아우터에 혼방하여 많이 사용한다. 모섬유보다 우수한 점은 합성섬유이기에 강도가 좋고 해충에 강하다는 것이다. 취약한 점이 있다면 흡습성과 내열성이 낮고, 정전기가 많이 생기고 필링(보풀)이 잘 일어난다는 것이다.

다음 표는 3대 합성섬유 중 아크릴로 상품화된 직물이다. 소재의 특징에 따라 실물 패브릭 스와치 및 실제의 예가 되는 의류 제품 사진을 붙여보자.

Do it! yourself

소재	특이사항	패브릭 스와치	실제 사진
아크릴	합성섬유 중 보온성이 우수하여 겨울용 의류에 적합함		예: 겨울용 코트

- **기타 합성섬유_폴리우레탄** 합성섬유 중 탄성이 가장 뛰어나 스판덱스로 많이 사용된다. 고무와 같이 잘 늘어나는 성질이 있고 일반섬유처럼 가늘게 뽑을 수 있다. 오늘날 선호되는 몸매를 드러내기 위한 바디핏(Body fit) 디자인에 적합한 소재로 스포츠의류, 바디 파운데이션에 혼방 형태로 많이 사용된다.

다음 표는 기타 합성섬유 중 폴리우레탄으로 상품화된 직물이다. 소재의 특징에 따라 실물 패브릭 스와치 및 실제의 예가 되는 의류 제품 사진을 붙여보자.

Do it! yourself

소재	특이사항	패브릭 스와치	실제 사진
폴리우레탄	뛰어난 탄성으로 바디핏 되면서도 활동에 편리하여 다양한 디자인에 활용됨		예: 바디핏 되는 스포츠의류, 몸매 교정용 바디 파운데이션류

Do it! yourself

다음 표는 혼합섬유 및 기타 섬유로 상품화된 직물과 편성물이다. 소재의 특징에 따라 실물 패브릭 스와치 및 실제의 예가 되는 의류 제품 사진을 붙여보자.

소재	특이사항	패브릭 스와치	실제 사진
분또	• 'ROMA DE PONTE'의 줄임말로, 일본식 발음인 분또라 부름 • 편성물(다이마루)과 직물의 중간 느낌으로 환편을 양면으로 짜서 스펀지가 들어간 느낌 • 신축성이 우수		예: 바지, 스커트, 트레이닝복
TR 원단	• 폴리에스테르와 레이온의 혼방 소재 • 부드러움, 흡습성이 증가		예: 블라우스, 바지 등 각종 의류 소재로 활용
TC 원단	• 폴리에스테르와 코튼의 혼방 소재 • 면의 구겨짐을 개선하기 위해 만들어짐		예: 남성용 셔츠
텐셀 원단	• 유칼립투스 나무 추출물로 만든 친환경 소재 • 부드러운 소재로 아기 의류에 사용됨 • 잘 구겨짐		예: 유아복, 여성용 의류
2*1 시보리 원단	• 티셔츠와 점퍼 밑단, 소매 끝 처리에 쓰이는 소재		예: 스포츠의류

(계속)

소재	특이사항	패브릭 스와치	실제 사진
2*2 시보리 원단	• 2*1 시보리 원단에 비해 짜임이 굵어 간격이 넓어진 것 • 숫자가 클수록 굵어짐		예: 스포츠의류
가죽 원단	• 실로 짠 직물이나 편성물이 아닌 동물의 가죽을 특수 가공 처리한 것		예: 가죽 점퍼
펠트 원단	• 실로 짠 직물이나 편성물이 아니라서 커팅 단면의 올이 풀리지 않음		예: 펠트 코트
레이스 원단	• 레이스 뜨기를 한 편성물로 천연 면섬유나 견섬유인 것도 있으나 합성직물로 된 것이 많음		예: 레이스 블라우스, 레이스 원피스 드레스
네오프렌 원단	• 미세한 공기 구멍이 있는 합성고무 나일론이나 라이크라 원단을 압착하여 만듦 • 소재 자체에 부피가 있어 의류 실루엣을 잡는 데 도움을 줌		예: 잠수복, 코트, 재킷

Do it! yourself

다음 표는 안감으로 상품화된 직물이다. 소재의 특징에 따라 실물 패브릭 스와치 및 실제의 예가 되는 의류 제품 사진을 붙여보자.

소재	특이사항	패브릭 스와치	실제 사진
다후다	• 가장 저렴한 안감, 일반 재킷용 안감으로 많이 쓰임 • 바지에는 스판이 들어간 스트레치 원단을 사용		예: 재킷 안감
보드레	• 부드럽고 광택이 나는 안감으로 여성용 스커트, 원피스 드레스 안감으로 많이 사용		예: 스커트 안감, 원피스 드레스 안감
트윌/빗살트윌	• 다후다보다 한 단계 업그레이드된 소재 • 빗살 트윌은 능직 조직에 광택이 있음		예: 코트 안감
레이온 함유 안감	• 레이온은 정전기가 일어나지 않고 부드러워 최고급 안감으로 많이 사용		예: 고급 의류 안감

의류업체 실무에서 많이 사용하는 부자재

• **지퍼** 실무에서 많이 사용하는 지퍼는 의류의 여밈과 잠금장치로 사용되며 편리하기 때문에 널리 쓰인다. 지퍼 이빨, 테이프, 슬라이더(손잡이)로 구성되며 5호 정도가 재킷용으로 사용하기에 적당하다. 3호는 주머니 같은 디테일 입구에 사용하기 적합하며 7호, 9호와 같이 숫자가 커질수록 이빨 두께가 굵어진다.

다음 표는 상품화된 지퍼의 종류이다. 각각의 특징에 따라 실물 지퍼 및 실제의 예가 되는 의류 제품 사진을 붙여보자.

Do it! yourself

소재	특이사항	실물 지퍼 사진	실제 사진
양면 지퍼	• 바지용 지퍼로 혼솔지퍼와 달리 이빨이 그대로 보임		예: 바지 앞면 지퍼
혼솔 지퍼	• 숨김 지퍼로 봉제 시 다림질하여 테이프 안으로 말려들어간 이빨을 다림질로 편 후 지퍼를 닮		예: 스커트, 블라우스나 원피스드레스의 뒷중심 지퍼
금속 오픈 지퍼	• 앞여밈 전체가 열리는 오픈형으로 금속은 이빨의 소재를 말함		예: 점퍼 여닫이용 지퍼
크로스 지퍼	• 오픈되지 않는 지퍼로 라이더 재킷 소매 디테일이나 주머니, 티셔츠 집업에 사용		예: 등산용 티셔츠

• **의류심지(芯地, Interlining)** 의류심지는 재킷의 디테일을 힘 있게 살리기 위해 겉감 안에 넣어주는 것이다. 이렇게 하면 실루엣이 보다 하드하게 완성되는 효과가 나타난다. 테일러드 재킷에서는 칼라, 안단에 이것을 붙이고 라펠 부분까지 붙여주는데 이렇게 하면 앞여밈 부분도 힘 있게 정리되어 단추 달기에 용이하다. 그 밖에 포켓 뚜껑에도 이것을 붙인다. 스커트나 바지 허리벨트에도 붙여서 허리벨트 부분이 더 이상 늘어나지 않게 해주는 효과도 얻는다. 여름용 블라우

스와 원피스 드레스, 와이셔츠 등의 칼라, 앞 단작, 소매 커프스, 주머니 입구 등에도 붙인다.

Do it! yourself

다음 표는 시중에서 파는 심지의 종류이다. 각 심지의 특징에 따라 실물 심지 스와치 및 실제의 예가 되는 의류 제품 사진을 붙여보자. 그리고 사진 위에 빨간 펜으로 심지가 들어간 부분을 체크해보자.

심지	특이사항	실물 심지 스와치	실제 사진
실크 심지	• 거즈와 같이 얇은 폴리에스테르 한쪽면에 점착액이 도포되어있어 겉감의 안쪽에 얹고 다리미로 열을 가하면 녹아 붙음. • 텍스처가 부드러워서 실크 심지라고 불림 • 여름용 의류와 시폰같이 비치는 겉감 안에 사용		예: 재킷 안감
폴리 심지	• 중간 두께의 기본심지로 재킷부터 셔츠류까지 활용 범위가 매우 넓음		
모자 심지	• 딱딱한 심지로 모자, 벨트, 가방 등에 사용되는 심지		
부직포 접착심지	• 패브릭이 아닌 부직포에 접착액이 도포되어있음. 얇은 면의 겉감 안에 주로 사용		

(계속)

심지	특이사항	실물 심지 스와치	실제 사진
나일론 접착심지	• 보통 두께의 울 안쪽이나 화학섬유의 겉감 안에 사용		
폴리에스테르 접착심지	• 보통 두께의 면이나 마의 직물에 적합		
혼방 접착심지	• 울이나 두꺼운 직물에 사용		
견 접착심지	• 견이나 얇은 화학섬유 직물에 적합하며 고급 의류에 사용		

2) 패션디자인 비례

(1) 강조

의복의 어떤 부위를 강조하여 관심과 흥미를 끌기 위한 것이 바로 강조이다. 강조되는 부분은 지나치게 많지 않아야 하며 의복의 용도나 착용자의 개성에 맞게 한두 가지 포인트되는 부분을 정하는 것이 효과적이다. 즉, 강조되는 하나의 중심점을 초점으로 하여 나머지 부분은 초점을 보완하고

그림 1-44 강조 1　　　그림 1-45 강조 2　　　그림 1-46 강조 3　　　그림 1-47 강조 4

보충하는 종속적인 역할을 해야 한다. 강조의 위치는 의복의 기능상 불편을 불러와서는 안 된다. 강조의 종류로는 차이가 있는 요소들을 대립시켜 강조하는 대비와, 어느 한곳으로 모든 것을 향하게 하는 집중(Concentration), 각 요소가 지배와 종속의 관계로 연결되어 강조되는 우세 등이 있다.

　　집중은 강조의 한 방법으로 강력한 한두 가지 요소를 부각시켜 시선이 모이게 하는 기법이다. 하나의 중요한 주제를 강조하기 위해 주로 사용된다. 집중의 원리를 적용하기 위해서는 하나의 디자인요소를 강조하거나 액세서리, 문양 등 커다란 모티프를 활용한다. 대비는 의상의 디테일이나 차이나는 소재, 색채를 같이 배치시킴으로써 서로 다른 것을 강조하는 기법이다. 자칫 지나치게 강렬하여 자극적이거나 촌스러워질 수 있으므로 통일성과 균형을 유지해야 한다. 서로 다른 형태와 면적, 색채, 소재를 병렬시키면 강한 대조감을 얻을 수 있다.

　　〈그림 1-44〉는 앞 어깨에서 보통 요크로 사용되는 면적에 강한 핫핑크의 디테일을 넣어 집중의 강조한 것이다. 〈그림 1-45〉는 검정 점프슈트 위 오른쪽 어깨 부분과 오른쪽 팔 상완 부분에 가죽으로 된 디테일로 형태와 색상이 대비를 이루게 하면서 집중적으로 강조한 것이다. 〈그림 1-46〉은 검정 원피스 드레스 위에 드레스 전체를 가릴만한 크기의 흰색 플리츠 디테일을 연출하여 색상과 형태가 대비를 이루도록 강조한 것이다. 〈그림 1-47〉은 핫핑크 로맨틱 이미지의 원피스와 흰색 모던 원피스를 결합하여 대비를 통해 강조한 것이다.

아래 빈칸에 해당하는 사진을 찾아 붙여보자.

| 강조-대비 | 강조-집중 | 강조-우세 |

(2) 리듬

디자인의 어떤 요소를 반복시켜 시각적 흐름을 느낄 수 있게 하는 것이 바로 리듬(Rhythm)이다. 리듬은 의복에 변화와 흥미를 이끌어내는 디자인 원리 중 하나로, 체계적인 반복을 통해 유발된다. 리듬이란 단어는 박자나 선율이라는 뜻으로 음악에서 쓰이는 대표적인 언어이나 시각예술인 회화, 건축, 디자인에서도 사용된다.

리듬의 종류에는 주름 스커트, 줄무늬 옷, 단추가 수직으로 달린 것, 턱주름과 같은 반복에 의한 리듬과 주로 색채를 이용하여 양, 크기, 밀도, 강도를 단계적으로 변화시키는 그라데이션(Gradation)이 있다. 그 밖에도 원을 중심으로 퍼지는 방사상 리듬과 같은 내용의 단위가 한 방향으로 계속되는 연속(Sequence)의 리듬, 두 가지 이상의 단위가 번갈아 나타나는 교차(Cuternation) 등이 있다.

반복

반복은 패션디자인 원리 중 리듬의 일종으로, 특정 디자인요소를 반복함으로써 생기는 리듬감을 일컫는다. 리듬의 유형 중 가장 단순하고 기본적인 것으로 디자인요소를 같은 양이나 같은 간격으로 되풀이하여 움직임을 느끼게 하는 것을 말한다.

반복은 모든 디자인요소에 적용할 수 있는데 그중 색상의 반복은 시선을 유도하는 가장 강력한 방법의 하나로 소재 재질의 반복, 문양의 반복(그림 1-48) 등을 할 수 있다.

방사

방사란 중심점에서부터 여러 방향으로 퍼져나가거나 안으로 모아지는 경우에 생기는 리듬이다. 중심점에서 여러 방향으로 퍼져나가는 것은 원심적인 리듬이라 하고 중앙으로 집결되는 경우를 구심적인 리듬(그림 1-49)이라고 한다. 선의 경우 그 기울기를 달리하여 사선의 형태로 한 중심을 향해 모아지거나 퍼져나가는 것을 방사라고 본다. 방사에 의해 얻어지는 리듬은 매우 역동적이며 시선을 강력하게 집중시키는 효과가 있다.

점진

점진은 디자인요소들인 양, 크기, 밀도들이 점진적이고 단계적으로 커지거나 작아지면서 표현되는 기법이다. 점진의 방법은 단계적으로 발전하여 어떤 정점이나 중심점에 이르도록 유도할 수 있기 때문에 강조의 원리와 함께 적용하면 그 효과를 더욱 극적으로 증대시킬 수 있다. 선의 두께나 선과 선 사이의 간격, 형태의 크기, 면적 등을 차츰 크게 또는 작게 변화시킴으로써 점진의 리듬을 얻을 수 있고 색상의 경우 명도(그림 1-50), 채도 또는 색상환의 단계적 변화나 문양이 갖고 있는 모티프의 연결에서 점진적인 리듬감을 얻을 수 있다.

연속

연속은 디자인요소 중 형태나 선, 소재와 문양, 색채(그림 1-51)가 순서와 의미를 가지고 계속되는 것을 일컫는다. 연속이란 각 단위가 서로 연관을 갖고 순서에 의해 계속적으로 나타나는 리듬을 말한다. 연속에 의한 리듬은 순서와 의미가 있는 반복이므로 명확하고 긴장감이 있으며 정돈된 느낌의 리듬을 창조해낸다.

그림 1-48 리듬 1   **그림 1-49** 리듬 2   **그림 1-50** 리듬 3   **그림 1-51** 리듬 4

아래 빈칸에 해당하는 사진을 찾아 붙여보자.

리듬–반복   리듬–방사   리듬–점진   리듬–연속

(3) 비례

비례(Proportion)는 전체에 대한 부분의 크기가 일정한 비율(Proportion), 비(Ratio), 규모(Scalc)를 나타내는 것으로 관계의 개념이다. 그러므로 디자인요소들의 크기, 양, 정도의 상대적인 관계를 정량화해서 나타낼 수 있다.

가장 이상적인 비례는 황금비율(Golden mean)이다. 황금비율은 고대 그리스 조각에 면 분할을 조화롭게 하는 기준으로 짧은 길이 대 긴 길이의 비율이 1:1.618가 된다. 또한 그리스의 직사

그림 1–52 비례 1   **그림 1–53** 비례 2   **그림 1–54** 비례 3

각형(Greek Rule), 함브릿지(Hambridge) 비율인 1:1.414 혹은 1:√2가 있다. 일반적으로 복식에서 많이 사용하는 비례는 3 대 5 혹은 5 대 8이다. 비례는 모든 선의 원리 및 강조의 원리를 포함할 수 있으며 형태, 색채(그림 1-52), 소재 등의 모든 디자인요소에 적용된다.

규모는 비례의 한 부분으로 복식의 모든 디자인요소들의 각 부분과 전체의 크기 관계를 일 컫는다. 즉, 디자인의 각 요소에서 규모가 작용하는데 형태의 크기와 공간, 문양의 모티프(그림 1-53), 색채나 재질(그림 1-54) 등의 규모가 서로 영향을 미치며 어떤 경우에는 규모를 더욱 커 보이게 하거나 작아 보이게 할 수 있다. 심리적으로 큰 규모는 대담하고 공격적으로 보이며, 작은 규모는 고상하고 약해 보인다.

Do it! yourself

아래 빈칸에 해당하는 사진을 찾아 붙여보자.

| 비례-황금비율 | 비례-규모 | 비례-규모 |

(4) 통일

통일(Unity)은 일관되게 완성된 느낌이 들도록 조화와 질서가 적용되는 디자인 원리이다. 모든 부분 안에 하나의 일관되고 완전한 효과를 내기 위해 함께 속하여 작용하는 통합된 전체감이 통일이다. 통일이 내면적으로 작용하면 복잡한 면들이 그 안에서 보다 단순한 형태로 보이기도 하므로 너무 강조되면 단조로워 보이거나 지루해질 위험성이 있다. 그러므로 서로 보완·동화되어 일체감을 주 기 위해서는 복식의 기능적이고 구조적인, 그리고 장식적인 요소가 잘 통합되어야 한다. 그러한 시 점에서 〈그림 1-55〉는 단순한 레드 원피스 드레스의 앞여밈과 네크라인 끝처리의 장식적인 요소 가 기능적인 역할과 장식적인 역할을 동시에 조화롭게 보여준다. 특히 스커트 아랫부분에 있는 기 하학적 펀칭은 상부의 앞여밈, 네크라인과 통일감을 형성한다.

조화는 통일감에서 반드시 필요한 것으로 두 개 이상의 여러 요소가 분리되지 않고 잘 어울려 균형감을 잃지 않은 상태에서 전체적인 결합을 한 상태를 말한다. 비슷한 관계의 요소가 조화를 이루면 자연스러운 분위기를 이루고(그림 1-56~57), 대립하는 관계의 요소가 조화를 이루면 신선함을 준다(그림 1-58). 기능적·구조적·장식적 디자인 단계에서 조화는 반드시 필요한 요소이다.

그림 1-55 통일 1　**그림 1-56** 통일 2　　**그림 1-57** 통일 3　　**그림 1-58** 통일 4

Do it! yourself

아래 빈칸에 해당하는 사진을 찾아 붙여보자.

<table>
<tr><td>통일</td><td>통일-조화</td><td>통일-조화</td></tr>
</table>

(5) 균형

균형은 한 쌍의 저울과 같이 물체가 수직축을 중심으로 좌우대칭으로 배치되어 물리적으로 힘이 균등한 상태를 나타낸다. 디자인에서는 무게, 크기, 양, 밀도, 힘 등이 시각적으로 균등한 상태를 이루면 균형을 이루었다고 본다. 즉 선(그림 1-59), 형태, 색채(그림 1-60), 소재의 재질(그림 1-61)에 의해 좌우되는 시각적 무게가 균일할 때 균형을 이루었다고 볼 수 있다. 이 중에서 색채는 분배에 시각적 균형감을 크게 의존하는데 이때 색의 삼속성이 여기에 관여하게 된다. 소재의 재질은 장식적일수록 시각적 무게가 더 느껴진다. 우리의 인체는 대칭을 이루므로 패션디자인에서는 대칭 균형이 필요하게 된다.

그림 1-59 균형 1 **그림 1-60** 균형 2 **그림 1-61** 균형 3

Do it!
yourself
아래 빈칸에 해당하는 사진을 찾아 붙여보자.

균형-선 균형-색채 균형-소재 재질

(6) 전환

전환은 다른 방향이나 상태로 바뀌거나 바꾼다는 의미로, 디자인요소에 변화를 주어 흥미를 유발하는 원리이다. 디자인요소의 조건과 위치가 연속적으로 변화하여 주의를 환기시키고(그림 1-62), 단조로움에서 벗어나 흥미를 주는 것이 바로 전환이다(그림 1-63). 전환은 변화 정도에 따라 우아하거나 신선한 분위기(그림 1-64)를 만들 수 있으며 장식적으로나 구조적으로 사용된다.

그림 1-62 전환 1　　**그림 1-63** 전환 2　　**그림 1-64** 전환 3

Do it! yourself

아래 빈칸에 해당하는 사신을 찾아 붙여보자.

전환　　　　　　전환　　　　　　전환

(7) 평행

평행은 〈그림 1-65〉와 같이 재킷의 웰트 포켓, 허리벨트와 스커트 주머니 등과 같은 패션디자인요소들을 나란히 배치함으로서 형성되는 디자인 원리이다. 평행은 시각적으로 좌우, 상하 균형을 이루고 있어 안정적인 디자인을 구상할 수 있다. 평행은 구조적으로 만들 수 있고 앞여밈의 잠금장치를 같은 간격으로 활용한 디테일(그림 1-66), 원피스 드레스의 앞 중심을 화려하게 장식한 트리밍(그림 1-67)으로도 만들 수 있다.

그림 1-65 평행 1   **그림 1-66** 평행 2   **그림 1-67** 평행 3

Do it! yourself
아래 빈칸에 해당하는 사진을 찾아 붙여보자.

평행	평행	평행

(8) 교차

교차는 서로 엇갈리거나 마주친다는 의미로 패션디자인요소가 두 가지 이상의 단위로 만나 바뀌면서 연속과 반복이 결합되어 이루어진다. 규칙적으로 반복된 교차는 방향성을 나타낼 수 있으며 시선을 쉽게 끌지만 지루하고 단조롭거나 자칫 유치해 보일 수 있다. 교차되는 단위나 위치가 흥미로우면 단조로움은 줄어든다. 디자인요소의 모든 측면에 적용 가능한 교차는 지배적이라기보다는 보조적으로 사용된다.

〈그림 1-68〉은 소재 교차의 예로, 원피스 드레스 상의 부분에 가죽과 스커트 부분의 레이스를 서로 교차시켰다. 이렇게 하여 동일 색상이 주는 단조로움에서 벗어난 것이다. 〈그림 1-69〉는 동일한 색상이 사용되었지만 광택의 유무로 톤의 차이를 주어 시선을 끌었다. 〈그림 1-70〉은 무채색의 원피스 드레스 위에 구두와 동일한 색상인 자주색 테이프를 디자인 트리밍으로 사용하여 단조로움을 피했다.

그림 1-68 교차 1

그림 1-69 교차 2

그림 1-70 교차 3

**Do it!
yourself**

아래 빈칸에 해당하는 사진을 찾아 붙여보자.

교차	교차	교차

5 패션이미지와 디자인 특성

패션이미지는 패션상품 기획 시 가이드라인을 잡고 작업을 시작할 때 필요한 이정표이다. 패션이미지와 감각은 〈그림 1-71〉과 같이 분류할 수 있다. 그림에는 이미지별 무드맵과 혼용되거나 유사한 의미를 갖는 단어들이 정리되어있다. 옆에 위치한 이미지들은 비슷한 것들이고 대각선상에 위치한 이미지들은 반대되는 것들이다. 학자마다 이미지를 분류하는 방법이 다르다. 아래 그림은 《패션미학》[†]을 참고하여 분류한 것이고, 각 이미지를 대표하는 무드맵은 새롭게 구성한 것이다.

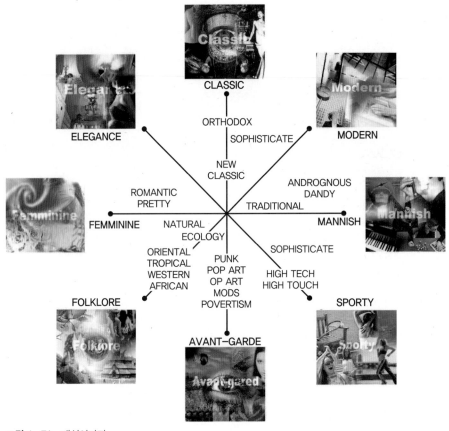

그림 1-71 패션이미지

---

† 조규화·이희승(2004), 패션미학, 수학사, p.44.

패션이미지의 분류는 디자인 콘셉트 설정 시 유용하다. 여기서는 이미지를 내추럴 이미지, 로맨틱 이미지, 매니시 이미지, 모던 이미지, 아방가르드 이미지, 스포티브 이미지, 에스닉 이미지, 엘레강스 이미지, 크로스오버 이미지, 클래식 이미지의 총 10가지로 분류하였다.[†]

1) 내추럴 이미지

내추럴(Natural)은 '자연이 가지는 소박함, 따스한, 평화로운'이라는 의미로 자연스럽고 인위적이지 않으며 부드럽고 편안한 느낌을 준다. 내추럴 이미지는 인위적인 것들로부터 벗어나 자연으로 돌아가고자 하는 현대인의 소망을 담은 것이다. 주로 헐렁한 상의나 스커트, 통바지, 원피스 등으로 넉넉하고 편안한 실루엣을 띠며 고정된 형식이 없어 몸을 구속하지 않는 자유와 자연스러움, 여유를 표현한다. 색채는 갈색 계열, 베이지 계열, 카키 계열이 사용되어 침착하고 차분한 느낌이 들며 소재는 마, 면, 울 등 천연소재나 니트류의 부드러운 소재가 사용된다.

그림 1-72 내추럴 이미지

---

† 김혜숙(2018), 현대 패션 컬렉션에 나타난 패션이미지별 뷰티 디자인분석, 한양대학교 융합산업대학원 석사학위 논문.

Do it! yourself

내추럴 이미지에 해당하는 사진을 찾아 붙여보자.

2) 로맨틱 이미지

로맨틱(Romantic)은 여성스럽고 소녀적인 분위기로 프릴이나 러플, 레이스 등과 같이 장식적인 요소가 강하며 사랑스럽고 부드러우며 화사한 느낌을 준다. 로맨틱 이미지는 가슴이나 허리, 힙을 강조한 실루엣이 많으며 시대에 따라 유행하는 라인을 바탕으로 여성적 디테일과 트리밍을 사용하면 로맨틱한 효과를 더할 수 있다.

색채는 주로 페일톤이나 라이트톤, 흰색이 많이 쓰인다. 소재는 부드러운 니트나 벨벳, 가벼

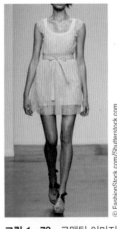

그림 1-73 로맨틱 이미지

로맨틱 이미지에 해당하는 사진을 찾아 붙여보자.

운 시폰, 앙고라, 얇고 비치는 소재 등이 사용되며 작은 꽃무늬 패턴이나 동화적인 무늬, 화사한 러플이나 레이스, 프릴 등으로 로맨틱함이 강조되기도 한다.

3) 매니시 이미지

매니시(Mannish)는 '남자 같은, 여자답지 않은'이라는 의미로, 매니시 이미지란 여성복에 남성복 디자인을 적용하여 표현한 스타일을 말한다. 실루엣은 정장 슈트나 테일러드 재킷, 드레스 셔츠와 같은 딱딱하고 직선적인 실루엣의 디자인이 많다. 색채는 주로 무채색이나 남색 계열, 베이지 계열,

그림 1-74 매니시 이미지

카키 계열, 덜톤 등이 사용되고, 소재는 울이나 가죽, 하드한 소재가 주로 사용된다. 스트라이프 패턴이나 헤링본 패턴이 사용되기도 한다.

4) 모던 이미지

모던(Modern)은 '세련된, 현대적인, 근대적인'의 의미로 도시적이며 세련되고 차가운 느낌을 주는 이미지이다. 장식성을 배제한 직선적인 실루엣과 디테일로 단순한 형태의 심플하고 간결한 디자인이 많다.

그림 1-75 모던 이미지

모던 이미지에 해당하는 사진을 찾아 붙여보자.

색채는 주로 무채색이 기본이고 그레이시톤이나 다크톤, 딥톤이 사용된다. 색의 대비를 통해 차갑고 도시적인 느낌을 표현한다. 소재는 개버딘이나 면, 마 등의 천연소재가 주로 사용된다.

5) 스포티브 이미지

스포티브(Sportive)는 '놀고, 즐기고, 농담의, 장난치는, 운동경기의' 등의 의미를 가진 단어로 스포티브 이미지는 스포츠웨어의 기능성과 편안함을 의복에 적용시킨 활동적이고 편안한 패션스타일을 말한다. 스포티브한 의복은 형식적인 면보다는 실용성과 활동성, 기능성을 중시하여 일상생활

그림 1-76 스포티브 이미지

에서 경쾌하고 격식 없는 편한 트레이닝웨어, 진팬츠, 셔츠 등이 주된 아이템이다.

주로 여유분이 많아 활동하기에 편한 디자인의 실용적이며 편안한 실루엣이 많다. 색채는 비비드톤이나 스트롱톤의 선명한 원색을 사용하여 경쾌하고 즐거운 이미지를 표현한다. 소재는 주로 데님과 면 종류가 많이 사용되고 니트, 데님, 저지, 캐시미어, 코듀로이 등 활동하기 편한 소재가 쓰인다. 특히 바디에 핏 되는 디자인이 유행할 때는 스판이 많이 들어간 소재를 사용하여 활동의 편리함을 도모하기도 한다.

현대 패션에서는 캐주얼화가 가속화되면서 스포티브 이미지의 범위가 넓어지고 있다. 노동복인 데님 청바지와 데님 청재킷, 군인 유니폼에서 디자인요소를 차용한 밀리터리 룩 등 액티브 스포츠웨어부터 간편한 생활복까지 다양한 스포티브 이미지가 나타나고 있다.

6) 아방가르드 이미지

아방가르드(Avant-garde)는 '전위'라는 의미로 기존의 전통과 규범, 격식에 영향을 받지 않고 새로운 것을 창조하는 실험적인 전위예술을 지칭하는 용어이다. 패션에서는 포스트모던 시대에 등장한 해체주의 경향으로, 기존 복식의 규범을 깨뜨리는 의복들이 나타나며 실험적인 성격이 강한 비이성적·독창적·개성적인 느낌을 낸다. 기능성이나 실용성, 대중성을 배제한 실험적 요소가 강한 디자인으로 좌우의 비대칭, 상하 변환, 불규칙한 라인, 속옷을 겉옷화한 스타일, 솔기 풀기, 패치워크 등의 방식을 이용해 연출한 스타일이 많다. 기능과 소재의 제약 없이 다양한 아이템을 혼합하여 형태나 색채, 디자인 등을 자유롭게 표현하여 새롭게 창조하는 스타일이다.

그림 1-77 아방가르드 이미지

아방가르드 이미지에 해당하는 사진을 찾아 붙여보자.

Do it!
yourself

7) 에스닉 이미지

에스닉(Ethnic)은 '인류학적인 민속풍의, 민족의, 민족적인, 이교도의, 인종의' 등의 의미로 아시아나 아프리카, 중동, 남미 등의 각 민족의상에서 영감을 받은 스타일이다. 그러므로 보통 지역에 국한되지는 않는다. 각 민족의상의 특성이 나타나며 소박하고 따뜻한 느낌의 수공예적인 요소가 강하게 표현된다.

실루엣은 주로 자연스러운 실루엣이 많이 사용되며 카프탕과 같이 민족의상의 특성을 반영한 실루엣으로 표현하기도 한다. 색채는 각 민족의상에 따라 그 범위가 매우 넓다. 주로 비비드톤이나 그린, 브라운, 레드, 옐로 등 자연색이 사용되며 그레이시톤과 라이트 그레이시톤, 덜톤의 색채

에스닉 이미지에 해당하는 사진을 찾아 붙여보자.

를 사용한다. 소재는 이국적인 모티프가 나타난 문양이나 화려한 문양의 소재와 수공예적인 자수 등이 사용된다.

그림 1-78 에스닉 이미지

8) 엘레강스 이미지

엘레강스(Elegance)는 '고상함, 단정함, 우아함'의 의미로, 엘레강스 이미지는 우아하며 품위가 돋보이는 여성적인 분위기의 느낌을 준다. 내추럴과 모던, 클래식이 자연스럽게 어우러지면서 은은한 느낌의 성숙한 아름다움이 표현된다. 여성의 어깨와 허리·힙 선을 강조하여 인체의 곡선미를 살려

엘레강스 이미지에 해당하는 사진을 찾아 붙여보자.

주는 실루엣이다.

색채는 주로 그레이시톤, 페일톤을 사용하여 침착하고 무게감 있고 기품 있고 고급스러운 느낌을 표현한다. 소재는 곡선적인 실루엣을 살릴 수 있도록 고급스러운 느낌의 실크나 울 등 고급 소재를 사용한다.

그림 1-79 엘레강스 이미지

9) 크로스오버 이미지

크로스오버(Crossover)는 '이종교배, 용해, 섞다, 혼합'의 의미로 크로스오버 이미지란 각기 다른 분위기의 아이템을 매치하여 색다른 아름다움을 만들어내는 스타일이라고 할 수 있다. 서로 다른 패션이미지의 아이템을 착용하지만 촌스럽지 않고 멋스러운 스타일 표현으로 고정관념을 탈피하는 것이다. 예로는 스포티브 이미지의 청재킷에 이너로 로맨틱 이미지의 꽃무늬 레이스 원피스 드레스를 착용하는 것을 들 수 있다. 이는 혼성적인 영역으로 의복의 형태나 소재, 색상 등을 조화롭게 혼합하여 다양한 스타일을 만들어낸다.

여기서는 실루엣을 혼합하여 과장과 축소, 왜곡 등을 통해 다양하고 색다른 실루엣을 표현해내기도 한다. 다양한 색채가 사용되는데 여러 색을 사용하면 자칫 혼란스러워 보이므로 지나치게 많은 색보다는 적당한 색 조화가 필요하다. 배색에 있어 색상이나 명도를 서로 같게 하거나 유

그림 1-80 크로스오버 이미지

사하게 배색하면 온화한 느낌 표현이 가능하고, 반대로 서로 다른 명도의 배색은 활기 있는 표현을 가능하게 한다. 고명도의 색은 밝은 느낌을 주고 저명도의 색은 어두운 느낌을 주므로 적절하게 배색해야 한다. 소재는 주로 이질적인 느낌의 두 가지 소재를 서로 접합시켜 색다르고 개성적으로 표현한다.

10) 클래식 이미지

클래식(Classic)은 '고전적인, 싫증 나지 않는, 전통적인'의 의미이다. 클래식 이미지는 시대와 유행에 구애받지 않는 변함없는 스타일로 대중에게 지속적으로 선택되는 스타일이다. 샤넬 슈트(Chanel suit), 카디건 슈트(Cardigan suit), 테일러드 슈트(Tailored suit), 트렌치코트 등이 대표적인 아이템이다. 이러한 의미에서 스포티브 이미지의 야구모자, 점퍼, 데님 청바지는 유행에 영향받지 않고 꾸준히 젊은이들의 캠퍼스 룩으로 나타나기 때문에 이 또한 클래식이라고 볼 수 있다.

주로 스트레이트형의 직선적인 실루엣이 많이 나타나며, 색채는 차분하고 안정감과 깊이감이 느껴지는 브라운이나 그레이, 와인, 퍼플 등과 무채색이나 채도가 높은 다크 브라운, 다크 그린이 대표적이다. 울과 실크 등 천연소재가 많이 사용되는데, 울은 주로 재킷과 코트에 사용되고 실크는 블라우스와 원피스에 사용된다.

그림 1-81 클래식 이미지

Do it!
yourself 클래식 이미지에 해당하는 사진을 찾아 붙여보자.

표 1-7 패션 이미지별 특성

	내추럴 이미지	로맨틱 이미지
이미지		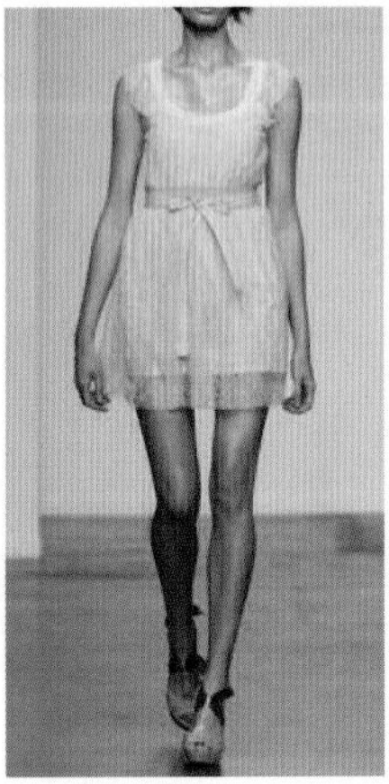
실루엣	넉넉하고 편안한 실루엣	가슴이나 허리, 힙을 강조한 실루엣
색채	따뜻한 느낌의 자연색	흰색이나 사랑스럽고 몽환적인 색상/p, lt톤
소재	마, 면, 울 등의 천연소재나 니트류	부드러운 니트, 시폰과 같은 얇고 비치는 소재

(계속)

	매니시 이미지	모던 이미지
이미지		
실루엣	딱딱하고 직선적인 실루엣	장식성을 배제한 직선적인 실루엣
색채	무채색/d톤	무채색/g, dk, dp톤
소재	울, 하드한 소재	개버딘이나 면과 마
	스포티브 이미지	아방가르드 이미지
이미지		
실루엣	여유분이 많아 활동하기 편안한 실루엣	좌·우 비대칭, 불규칙적, 자유로운 실루엣
색채	선명한 원색/v, s톤	블랙, 골드, 실버, 네온 등 인공적인 색
소재	데님, 면, 니트, 캐시미어, 코듀로이 등	다양한 소재의 믹스 앤 매치

(계속)

	에스닉 이미지	엘레강스 이미지
이미지		
실루엣	자연스러운 실루엣	어깨와 허리, 힙을 강조한 곡선적인 실루엣
색채	그린, 브라운, 레드, 옐로 등 자연색	무채색이나 퍼플, 와인/lt, g톤
소재	화려한 문양의 소재, 수공예적인 자수	실크, 고급, 울, 소모직
	크로스오버 이미지	클래식 이미지
이미지		
실루엣	실루엣의 과장과 축소, 왜곡의 색다른 실루엣	스트레이트 형태의 직선적인 실루엣
색채	적절한 배색을 사용하여 조화롭게 표현	브라운, 그레이, 와인, 퍼플, 무채색
소재	이질적인 느낌의 두 가지 이상의 소재 접합	울과 실크 등의 천연소재

Chapter II

패션디자인의 창의적 발상과 실행

Do it
Fashion

OVERVIEW

패션시장은 즉각적이고 경쟁적이다. 짧은 유행 주기를 갖는 패션은 급속한 속도로 변화한다. 따라서 패션디자이너의 경쟁력은 창의적인 아이디어에서 생긴다. 패션디자이너에게 창의적인 아이디어는 차별화된 경쟁력의 중요한 요소로, 저마다의 감각과 더불어 다방면으로 습득한 지식을 토대로 할 때 지속적으로 구할 수 있다. 따라서 패션디자이너는 다양한 지식을 습득하기 위해 끊임없이 노력해야 한다.

그러나 창의적인 아이디어가 있다고 해도 이를 시각화하는 구체화하는 틀을 통해 창작하지 않는다면, 빠르게 변화하는 패션시장에서 경쟁력이 없는 디자이너가 될 것이다. 능숙한 패션디자이너는 풍부한 지식을 기반으로 한 자신만의 아이디어를 체계적으로 시각화하는 과정을 통해 창의적인 디자인을 구현할 수 있어야 한다. 혁신과 새로움을 수반하는 창의적인 패션디자인은 구체화된 지식을 통해 아이디어를 시각화하는 체계적인 단계로 창조되는 것이다.

이 장에서는 창의적 패션디자인을 구현하기 위한 발상과 실행과정을 체계적이고 논리적으로 전개할 수 있도록 단계별로 학습하여 능숙한 패션디자이너의 자질을 함양하도록 한다.

1 창의적 패션디자인의 발상

1) 패션디자인과 창의성

(1) 창의성

새로운 생각이 깨어나 구체적인 형체를 띠기 시작할 때 내가 느끼는 기쁨은 말로 표현할 수 없다. 그 순간 나는 모든 것을 잊고 미친 사람이 된다.

– 표트르 일리치 차이콥스키(Pyotr Ilyich Tchaikovsky, 1840~1893)

창의성의 개념은 다양하게 정의되고 있어 한 문장으로 말하기 어려우나, 창의성이란 정신적·동기적인 요인에 영향을 받는 것으로 문제를 해결하는 과정에 잠재되어있는 자아 표현의 한 형태라고 할 수 있다.

러시아의 작곡가 차이콥스키의 말처럼, 새로운 생각이 구체적인 형체로 나타나는 희열로서의 창의성은 개발을 위해 노력하면 얻을 수 있는 것이다. 창의성은 유(有)에서 또 다른 유(有)를 만들어내는 것으로 신비로운 것이 아니며, 노력으로도 충분히 만들 수 있다. 이것은 패션디자인 과제에서는 평가기준, 패션디자인 경진대회 및 패션쇼에서는 평가기준으로 사용되며 경쟁력 있는 디자인을 하기 위한 중요한 요소가 된다. 나아가 대중을 감동시키고 삶을 변화시키는 원동력이라고도 할 수 있다.

(2) 지식과 창의성

천재는 1퍼센트의 영감과 99퍼센트의 노력으로 이루어진다.

– 에디슨(Edison, 1847~1931)

기본은 혁신적 과정에 필수이며, 준비된 자에게 기회가 주어진다.

– 루이스 파스퇴르(Louis Pasteur, 1822~1895)

지식은 현실을 뛰어넘는 새로운 상상력을 발휘하게 되는 창의력의 원천으로,[†] 다방면의 지식을 구

---

† 오병근(2013), 지식의 시각화, 서울: 비즈앤비즈. p.15.

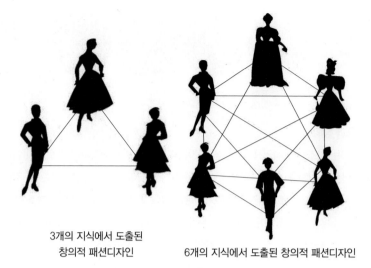

3개의 지식에서 도출된
창의적 패션디자인

6개의 지식에서 도출된 창의적 패션디자인

그림 2-1 지식과 창의적 패션디자인 도출[†]

하는 것은 창조할 수 있는 힘을 기르는 것이다. 창의적 패션디자인을 지속적으로 실행하기 위해서는 다양한 지식이 필요하다. 창의적인 패션디자인은 지식의 함양으로부터 시작된다. 〈그림 2-1〉을 보면, 세 개의 지식은 세 개의 연결을 생성하는 반면 여섯 개의 지식은 14개의 연결고리를 가지면서 다양한 창조적 발상을 가능하게 한다. 지식이 풍부할수록 창의적인 패션디자인을 할 가능성이 높아지는 것이다. 이러한 원리를 이해하고 보다 풍부한 지식을 함양하여 창의적인 패션디자인 발상에 대한 자신감을 가져야 한다.

지식의 유형

지식은 형식지식과 암묵지식으로 나눌 수 있다. 형식지식은 문서 등으로 표현되어 공유되는 지식으로 과학 원리나 법칙 등에서의 논리적 문장 같은 객관적이며 언어로 서술 가능한 객관적 지식 유형이다.[†] 암묵지식은 의식적으로 깨닫지 못하거나 쉽게 서술할 수 없는 개인의 경험, 이미지와 노하우 등의 집단적 지식이다. 이러한 암묵지식과 형식지식은 상호교환하는 순환 구조로 또 다른 형식지식과 암묵지식을 생산한다.[‡] 제프리 후앙(Jeffery Huang)은 형식지식과 암묵지식과의 연계성을 〈그림 2-2〉[#]와 같이 분류하였다. 이처럼 지식은 직관적인 동시에 이성적인 행위이며 지식의 유형에 따라 자신이 가진 지식을 체계적으로 인식해야 한다.

[†] Tracy Jennings(2011), Creativity in fashion design, Fairchild books: USA. p.21.

[†] 오병근(2013), Op.cit., p.24.

[‡] 김민지(2017), 지식의 시각화에 의한 창의적 패션디자인 연구 -ATTA 평가항목에 의한 구찌 컬렉션을 중심으로-, 패션비즈니스, 21(4), pp.91-104.

[#] 오병근(2013), Op.cit., p.24.

그림 2-2 제프리 후앙의 지식 분류

지식의 활용과 창의성

패션디자이너는 창조적인 작업을 위해 끊임없이 익히고 배운다. 창작자는 새로운 아이디어를 발상하기 위해 기존에 있던 지식을 기반으로 새로운 지식을 찾아낸다. 풍부한 지식은 디자이너의 상상력과 만나 시각화되며 새로운 유를 창조하게 된다(그림 2-3). 이같이 지식은 창조를 생성하기 위한 원천적 요소이자 시작점이며 주체가 되는 중요한 전략이다. 패션디자인의 전략이 되는 지식을 디자인 목적에 맞게 활용할 수 있는 자신만의 발상법을 훈련한다면, 자신감을 갖고 창의적인 패션디자인을 할 수 있을 것이다.

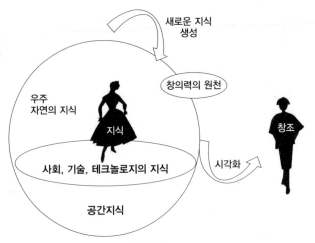

그림 2-3 지식과 패션디자인의 창조

(3) 창의적인 패션디자인 발상법

창의적인 발상법이란 당면한 문제 해결을 위해 새로운 사고를 도출하는 방법이다. 발상법의 유형에는 확산적 사고, 수렴적 사고, 형태변형법의 세 가지가 많이 활용된다. 확산적 사고는 디자인 아이디어를 풍부하게 얻어야 하는 초기 단계에서 많이 활용되고, 수렴적 사고는 디자인의 문제를 도출하고 이를 해결하기 위해 분석하고 정리하는 단계에서 많이 활용된다. 형태법형법은 디자인의 형태를 구체적으로 변형하여 다양하게 시각화할 때 사용된다.

이제부터 살펴볼 세 가지 디자인 발상법을 디자인 진행의 단계에 따라 적절하게 활용하면 창의적인 아이디어를 체계적으로 도출할 수 있다.

확산적 사고

확산적 사고(Divergent thinking)는 디자인 목표나 문제의 해결점을 찾기 위해 아이디어를 다양한 복수의 사고로 확장하는 것이다. 창의적인 패션디자인 발상에서는 추출된 키워드를 중심으로 연결성, 유창성, 유연성과 독창성을 통해 아이디어를 도출하게 된다.

여기서 연결성(Connection)이란 지식과 정보의 연결을 뜻한다. 일반적인 연관보다는 특이하고 색다른 지식과 정보를 연결하면 독창적인 발상을 할 가능성이 높아진다. 유창성(Fluency)은 작업에 필요한 충분한 양을 생산 및 도출하는 능력이다. 한 시즌에 동일한 영감으로 수십 벌의 의복을 디자인하는 것이 바로 유창성에서 비롯된다. 유연성(Flexibility)은 동일한 요소를 다른 방법과 정보로 진행하는 능력이다. 이는 논리적인 접근법에서 기대하는 결과를 생산하지 못했을 경우 유연하게 사고하는 것을 의미한다. 독창성(Originality)은 독특한 아이디어를 발상하는 능력이다. 창의적인 사람은 평범한 방법을 선택하기보다는 새로운 아이디어를 고안하는 독창성을 가질 때, 기발하고 특이한 결과물을 만들어낸다.

- **브레인스토밍법** 오스본(Alex F. Osborn)이 고안한 브레인스토밍법(Brain storming method)은 자유로운 아이디어를 멈춤 없이 적어나가면서 스스로의 아이디어를 비판하고 검토하는 과정을

표 2-1 브레인스토밍의 활용 [†]

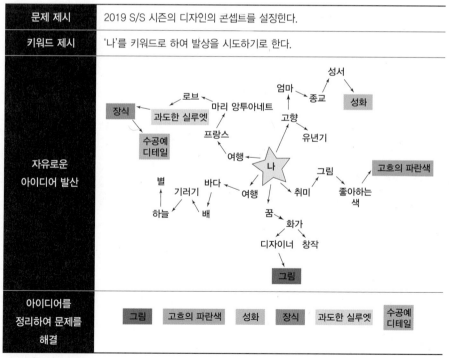

문제 제시	2019 S/S 시즌의 디자인의 콘셉트를 설정한다.
키워드 제시	'나'를 키워드로 하여 발상을 시도하기로 한다.
자유로운 아이디어 발산	
아이디어를 정리하여 문제를 해결	그림 고흐의 파란색 성화 장식 과도한 실루엣 수공예 디테일

---

† Tracy Jennings(2011), Creativity in fashion design, Fairchild books: USA. p.21.

통해 창의적인 아이디어를 도출하는 자유 연상과 유추에 의한 아이디어 발상법이다. 브레인스토밍은 그룹으로 하기도 하지만, 개인 과제를 위해 혼자 할 수도 있다. 엉뚱한 아이디어를 주저 없이 내놓아서 모순적인 아이디어에서 창의적인 사고를 도출하는 이 방법은, 많은 양의 아이디어를 메모하는 것이 중요하다. 단, 제한 없는 자유로운 방식의 발상법이기 때문에 분명한 기준이 제시되지 않으면 시간을 낭비할 수 있으므로 한 가지 문제를 제시하고 이에 대한 의견을 자유롭게 토론하며, 제시된 아이디어를 그루핑하여 최종 아이디어를 선택한다.

〈표 2-1〉은 2019 S/S 시즌 디자인의 콘셉트 설정 문제를 해결하기 위한 브레인스토밍의 활용 사례이다. 여기서는 '나'를 키워드로 하여 아이디어를 발산하였고, 수십 개의 단어 중 문제 해결을 위한 단어를 추출하여 아이디어를 정리하고 디자인의 콘셉트를 완성하였다.

**Do it!
yourself** 〈표 2-1〉을 참고하여 브레인스토밍을 시도해보자.

- **시네틱스 발상법**   윌리엄 고든(Willam J. Gordon)이 고안한 시네틱스(Synektkiks) 발상법은 그리스어 'Synektkik'의 뜻과 같이 '다르거나 이질적인 분명히 상관없는 요소를 결합하여, 의외의 새롭고 유용한 발상을 도출'하는 발상법이다.[†] 여기서는 다양한 방법의 유추를 통해 상상력을 자극하여 많은 아이디어를 도출하게 된다. 반대되는 것의 결합, 상관없는 이질적인 것의 결합, 환상적 요소의 조합에 의한 유추법 등이 시네틱스 발상법에 해당된다. 디자인 목적에 적절한 요소의 결합으로 흥미로운 디자인을 발상해낼 수 있다.

    〈표 2-2〉는 시네틱스 발상법을 활용한 아이디어 조합의 예로, 의외의 조합으로 예상하지 못한 흥미로운 발상을 해냈다. 시네틱스 발상법이 제시하는 세 가지 발상법은 아이디어를 시각화하는 방법을 제시하여 창작자가 아이디어를 체계적으로 발상할 수 있게 해준다.

표 2-2 시네틱스 발상법의 활용

특성	활용
이질적인 요소	 여성 + 고릴라
반대되는 개념	 얼음 + 불
환상적인 요소	 날개 + 자동차

[†] 김민지(2016), 헤테로토피아 공간관을 반영한 패션디자인 발상유형 연구, 홍익대학교 박사학위 논문, p.35.

Do it! yourself

〈표 2-2〉를 참고하여 시네틱스 발상법으로 새로운 아이디어를 발상해보자.

수렴적 사고

수렴적 사고(Convergent thinking)는 문제점을 열거하여 아이디어를 최종 수렴하는 방법으로 논리적인 반면, 창의적인 측면이 부족하다. 따라서 디자인 전개과정에서 문제를 해결하거나 기존의 결과물로 도출된 디자인을 개선하기 위한 목적 등에 활용된다. 수렴적 사고는 대상에 대한 특성, 문제, 희망점 등을 구체적으로 열거하는 가운데 문제를 해결하는 방법이 도출된다. 대표적인 수렴적 사고의 발상법으로는 특성열거법이 있다.

- **특성열거법** 크로포드(R. T. Crawford) 교수가 제창한 특성열거법은 사물을 구성하는 요소나 성질과 기능 등의 특성을 계속 열거하면서 문제점을 발견하고 촉진하는 기법이다.[†] 특성을 열거하고 새로운 대안을 찾아가는 방법으로 이를 통해 더 나은 해결점을 고안하게 된다. 기존의 아이디어를 개선하는 새로운 아이디어를 더해 발상하는 것이다. 구체적으로는 기존의 아이디어에 대한 특성과 개선점을 열거하면서 새로운 아이디어를 발상하게 되는데, 대상의 선정 → 구성의 나열(명사형) → 특성의 나열(동사, 형용사) → 특성의 변경 및 수정의 단계로 진행하게 된다. 〈표 2-3〉은 전통적인 디자인의 트렌치코트를 가지고 특성열거법을 이용하여 새로운 아이디어를 발상해낸 사례이다.

---

† 공미선(2003), 크리에이티브 패션디자인 전개에 관한 연구, 숙명여자대학교 박사학위 논문, p.49.

표 2-3 특성열거법의 활용

특성	활용
대상의 선정	
구성의 나열	견장, 벨트, 개버딘 소재, 레글런 슬리브, 더블 버튼 브레스트, 앞 바람막이 플랩
특성의 나열	• 군복의 디테일이 클래식하다. • 전쟁 시 비·바람 등의 날씨에 몸을 보호하기 위한 목적으로 사용되었다.
특성의 변경	• 클래식한 트렌치코트의 요소를 스포티한 요소를 활용해 변경한다. • 더블 버튼의 여밈을 지퍼로 변경하거나 개버딘 소재를 가죽이나 데님으로 사용해 스트리트 무드로 변경한다.

〈표 2-3〉을 참고하여 특성열거법으로 새로운 아이디어를 발상해보자.

**Do it!
yourself**

형태변형법

형태변형법은 변형에 대한 구체적 법칙을 제시해준다. 이를 이용하면 아이디어를 비교적 간편하게 확장할 수 있다.

• **스캠퍼법**   스캠퍼(SCAMPER)법은 오스본(Alex F. Osborn)의 대표적인 발상법인 체크리스트법을 밥 에버럴(Bob Eberle, 1971~)이 새롭게 재구성하여 고안한 것이다. 밥 에버럴은 체크리스트법의 문항 83개 중 일련의 사고과정을 기억하기 좋도록 여덟 개 단어의 이니셜인 S(Substitute, 대체하다), C(Combine, 합하다), A(Adjust, 조절하다), M(Magnify, 확대하다/Minimizing, 축소하다), P(Put to other uses, 다른 용도로 전환하다), E(Eliminate, 제거하다), R(Rearrange, 재배열하다/Reverse, 뒤집다)을 조합하여 'SCAMPER(스캠퍼)'라는 발상법의 이름을 만들어냈다. 그는 이 방법을 소개하면서 창의력 증진을 권장하였다.[†] 그가 추출한 여덟 개 단어의 뜻에 따라 의복 구성요소를 변형하면 〈표 2-4〉와 같이 풍부한 디자인을 발상할 수 있다.

표 2-4 스캠퍼법의 활용

	특성		활용
S	Substitute	대체하다	소매나 포켓의 디자인을 다른 종류로 대체한다.
C	Combine	합하다	예술작품을 의복 구성의 요소로 합하여 발상한다.
A	Adjust	조절하다	허리선의 높이를 조절한다.
M	Magnify	확대하다	실루엣을 과장하여 확대한다.
	Minimizing	축소하다	길이를 축소한다.
P	Put to other uses	다른 용도로 전환하다	허리선에 위치하는 벨트가 소매로 이동해 장식적인 용도로 전환된다.
E	Eliminate	제거하다	한쪽 소매를 제거해본다.
R	Rearrange	재배열하다	단추의 위치를 재배열한다.
	Reverse	뒤집다	의복 내부를 뒤집어 발상한다. 봉제선, 라벨 등의 내부요소가 외부로 노출된다.

[†]   김민지(2016), Op.cit., p.37.

〈표 2-4〉를 참고하여 스캠퍼법을 시도해보자.

	특성		Do it! yourself
S	Substitute	대체하다	
C	Combine	합하다	
A	Adjust	조절하다	
M	Magnify	확대하다	
	Minimizing	축소하다	
P	Put to other uses	다른 용도로 전환하다	
E	Eliminate	제거하다	
R	Rearrange	재배열하다	
	Reverse	뒤집다	

2) 창의적 패션디자인의 평가방법

(1) 롤로 메이의 창의성 평가

《창조의 용기(The Courage to Create)》를 쓴 롤로 메이(Rollo May, 1909~1994)는 "창의성은 어떤 것을 존재하도록 하는 과정"이라고 하였다. 또한 창의성 평가를 위한 기준으로 새로움(Newness), 가치(Valuable), 명료성(Intelligibility)을 제시하였다. 창의성에 대해서는 객관적인 평가를 내리기가 어려울 수 있으나, 롤로 메이가 제시한 창의성 평가의 세 가

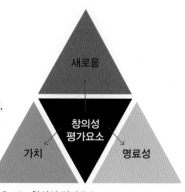

그림 2-4 창의성 평가요소

지 요소는 창의적 발상에 대한 평가와 기준의 틀에 대한 아이디어를 주고 있다(그림 2-4). 이를 통해 창작자가 작품을 창작하는 과정에서 스스로 실행하고 있는 작품에 대한 창의성의 개입 여부에 대해 평가 및 진단할 수 있는 지표로 활용할 수 있다.

새로움

새로움은 독창성(Originality)을 수반하는 것으로, 독특하여 다른 것과 구분되는 별개의 특정한 것, 다른 아이템과 분명한 차이를 갖는 것 등을 의미한다. 그러나 독특함을 '조금의 차이를 수반한 사물'이라는 일반적인 개념으로 접근하면 범위가 너무 방대해진다. 따라서 '달라서 좋은 것(There must be some merit in being different, good to be different)'일 때 창의성이 지향하는 새로움이라고 정의할 수 있다. 예를 들어 기존에 있던 것을 모방하거나 흉내 내는 '모조'는 새로운 것이 아닌 의미 없는 것이다. 새로움이란 독특한 동시에 유익하고 유용한 것이어야 한다.

가치

가치(Value)는 영향력(Effectiveness)으로 혁신(Innovation)을 가져오는 것을 의미한다. 창의적 패션 디자인은 이를 감상하거나 착장하는 이에게 내적·외적으로 미의 가치를 전달하고 공감을 형성하는 과정에서 그 영향력을 갖게 된다. 혁신을 가져오는 디자인은 일상을 변화시키는 것으로 가치 있는 창조라 할 수 있다. 1920년대 샤넬의 저지슈트는 당시 남성복에 사용되었던 소재를 여성복에 최초로 도입하여 여성복의 혁명을 불러온 것으로 평가받고 있다. 21세기의 스마트 기술을 활용한 스마트 의류는 인간에게 유익함과 편리함을 주는 영향력 있는 가치를 수반하고 있다.

명료성

명료성(Intelligibility)은 소통(Communication)과 관련된 창의성 평가항목이다. 명료성은 창작자, 관람자, 그리고 평가자와의 소통을 의미한다. 예를 들어 패션쇼의 콘테스트를 위한 작품은 제시된 테마 등에 따라야 하며, 패션쇼의 의복은 브랜드의 타깃 대상, 지향하는 브랜드 이미지 등이 고려된 작품이어야 한다. 판매가 주목적인 의복에서는 사용자를 고려하지 않은 구조와 소재 또한 소통이 부재한 것이라 보아 창의적이라 하기 어렵다. 제품을 생산하는 노동에 대한 정당성 등도 명료성 항목에 해당된다. 최근에는 동물 학대 반대와 보호를 모토로 동물로부터 생산된 의류와 잡화의 생산을 거부하고 이를 대체한 소재로 패션상품을 디자인하는 브랜드가 증가하고 있으며, 이는 인권과 생명권에 대한 새로운 가치를 수반하는 사회 패러다임을 수용하려는 패션업계의 소통을 위한 노력이라고 할 수 있다. 이같이 디자인 결과물에 목적하는 바가 명료하여 소통할 수 있을 때, 창의성이 있다고 평가할 수 있을 것이다.

(2) 토렌스 길포드의 창의성 평가항목 ATTA

ATTA(Abbreviated Torrance Test for Adult manual)는 토렌스 길포드(J. P. Guilford)의 창의성 평

표 2-5 ATTA 평가항목과 패션디자인 사례

평가항목		사례
생동감 있는 아이디어 (Vividness of ideas)	디자인이 강렬하거나 흥미로운 요소를 디스플레이하고 있는가 (Vividness of ideas: the design displays a vibrant or exiting point of view)?	• 1980년대 프랑스와 이탈리아의 수공예와 1970년대의 스포츠 상징 문양
개념의 부조화 (Conceptual incongruity)	디자인이 이상하고 터무니없으며 심지어 부적합한 요소가 공존하고 있다(The design displays ideas that seem strange, absurd or even inappropriate. It may be humorous or make you smile).	• 이질적인 소재의 공존 • 다른 시대와 공간의 공존
의문의 유발 (Provocative questions)	디자인을 통해 다른 관점을 생각하고 고려하게 된다(The design causes you to think and consider different points of view).	• 기이한 발상의 문구나 이미지
다른 관점 (Different perspectives)	디자인이 사람들에게 일반적이지 않은 새로운 관점을 제시한다(The design is presented from a perspective that is not common to most people).	• 타 장르의 기술을 의복에 도입 • 아티스트와의 협업
추상성 (Abstractness)	디자인은 글자 그대로 전달하는 것 이상의 의미를 지니며 대중에게 그 의미를 해석하게 한다(The design goes beyond conveying what is literal and asked the viewer to interpret its meaning).	• 아이디어를 의복 구조로 치환하는 예술의 요소 • 아이디어를 상징적으로 도식화, 치환하기
변화 (Movement)	디자인은 움직임이나 행동을 제안한다(The design suggests movement or action).	• 사용자에 의해 다양하게 활용할 수 있는 의복 구조
문맥 (Context)	디자인이 이야기나 제작의 배경을 이야기해준다. 창작의 결과물에 대한 제작자의 생각과 의미가 담겨 있어야 한다(The design tells a story, or the background to the creation is presented).	• 17세기 유럽을 배경으로 시누아리즈(중국풍) 디자인을 현대적으로 디자인(역사, 신화, 문학 등을 배경으로 디자인함)
합성 (Synthesis)	디자인의 단일한 표현에 복합적인 영감을 혼합하고 있다(The design combines multiple inspiration in a single presentation).	• 이탈리아의 정원과 정글 속 동식물의 합성
환상성 (Fantasy)	디자인이 신화, 우화나 허구의 정보에서 추출되어 환상성을 지닌다(The design is derived from mythical, fabled, or fictional sources).	• 신화, 허구의 이야기를 의복디자인에 반영하여 환상을 자아냄 • 신화 속 판타지 동식물

가항목이다. 창의성 연구로 저명한 학자 길포드는 성인을 위한 창의적인 사고능력을 평가하고자 ATTA 세부항목을 제시하였다. 그의 창의성에 대한 세부 평가항목 아홉 개는 디자이너가 창의적인 디자인을 실현하기 위한 객관적 평가의 지표로 제시된다. 세부 평가항목은 다음과 같다.

• 첫째, 생동감 있는 아이디어이다. 흥미나 감동을 주는 아이디어가 수반되는지에 대한 평가이다.

- 둘째, 개념의 부조화이다. 작품의 개념이 관련 없는 요소들로 구성되어있어 어울림이 일반적이지 않아 새로운지에 대한 것이다. 이질적인 것을 조합하는 것은 새로움이나 놀라움을 전달한다. 우연성을 수반하는 조합에 의한 아이디어 또한 창작자의 이를 위한 지속적인 감각을 통해 새로운 미적 체험이 발생할 수 있다.
- 셋째, 의문의 유발이다. 관람자가 창작자의 작품에 대해 생각하고 다른 시각으로 고려하게 되는 요소가 있는지에 대한 항목이다.
- 넷째, 다른 관점의 제시이다. 대중에게 일반적이지 않은 관점을 보여주는가에 대한 것으로 퓨전화된 다양한 요소들의 공존 등으로 가능해진다.
- 다섯째, 추상성이다. 추상성은 개념을 문양이나 구조로 치환하는 예술의 요소이다. 창조를 위해 아이디어를 한 번 더 걸러내어 간접적으로 표현하는 것으로 가능해진다.
- 여섯째, 변화의 항목은 작품을 접한 관람자가 이를 통한 움직임이나 행동을 보이게 하는가에 대한 것으로 관람자와 상호 교감할 수 있는가를 평가한다.
- 일곱째, 합성이다. 디자인에 단일한 표현과 복수의 영감을 복합적으로 넣어 표현하는 것이다.
- 여덟째, 문맥이다. 이는 작품이 스토리나 창작의 배경을 나타내고 있는지에 대한 항목이다.
- 아홉째, 환상성이다. 이는 디자인이 신화나 우화 같은 허구의 정보에서 추출되었는지에 관한 것으로 환상공간의 연출요소가 된다.

〈표 2-5〉[†]는 ATTA 평가항목과 각 항목에 해당하는 패션디자인의 사례를 정리하여 구체화한 것이다. 창의성을 평가하는 절대적인 기준이 존재하지는 않지만 창의적인 디자인 실행 연마가 필요한 학습자들에게 창의성 평가항목은, 다소 난해한 창의성에 구체적 방향성을 제시함으로써 자신감 있는 디자인 실행에 도움을 줄 수 있다.

3) 창의적 패션디자인의 발상과 실행 단계

창의적 디자인은 '새로운 문제를 해결하기 위해 융합적이며 다각적인 관점으로 사고하고 조형적으로 실체화하는 것'이다.[‡] 패션디자이너의 창조적 발상과 실행은 디자인의 목표에 따라 창작자가 가지고 있는 지식, 감각과 심미안을 통해 체계적 프로세스로 시각화된다. 디자인의 발상과 실행에 정해진 틀이 있는 것은 아니지만, 이는 디자이너가 가진 지식을 기반으로 디자인의 목적에 따라 시각화하는 과정이라 볼 수 있다.

패션디자인은 체계화된 프로세스에 따라 전개되면 창의적이고 합리적인 결과물을 지속적

---

† 김민지(2017), Op.cit., p.101.

‡ 민경우(1998), 디자인의 이해, 서울: 미진사 p.49.

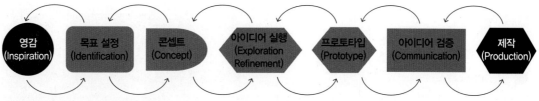

그림 2-5 창의적 패션디자인 전개과정

으로 산출해낼 수 있다. 창의적 패션디자인 프로세스를 통해 패션디자인의 목표를 설정하고, 이를 달성하기 위해 각 단계에서 요구되는 작업을 하여 체계적으로 진행해나가야 한다. 〈그림 2-5〉는 창의적인 패션디자인의 전개과정을 도식화한 것이다.[†] 각 단계의 요소들은 직선 방향으로 전개되지만 목적이나 전개의 과정에서는 원활한 실행을 위해 꼭 순차적으로 진행되지 않을 수도 있다. 만약 이 과정이 적절하지 않아 오류가 발생한다면, 이를 수정하기 위한 단계로 돌아가 과감히 수정하고 진행해야 한다. 또 제시된 단계별 프로세스가 모든 디자이너들에게 적용되지 않을 수도 있다. 하지만 여기서 제시하는 창의적 패션디자인 전개과정의 학습을 통해, 많은 이들이 자신만의 패션디자인 프로세스를 구축하게 될 것이다.

(1) 영감

영감(Inspiration)은 창조적 발상을 일으키기 위한 기발한 아이디어나 자극을 의미한다. 영감은 창의적인 패션디자인 전개의 첫 단계에서 얻는 것으로 첫 단추를 끼우는 것처럼 중요하다. 이것은 문득 떠오르기도 하지만 지식을 기반으로 자료의 수집과 분석 및 기억하고 있는 정보와 지식이 어우러져 새롭고 신선한 영감을 얻을 수도 있다(그림 2-6). 창조적으로 새로운 디자인을 표현하기 위해 저장된 풍부한 이미지들을 모아 가공·처리하여 영감을 얻는 것도 창의적인 아이디어를 발상하는 방법이 될 수 있다.[‡] 패션디자이너는 지식을 활용한 창의적인 영감을 발상하는 데 적극적인 자세를 지녀야 하며, 다음과 같은 방법 등으로 자신만의 영감을 체계적으로 발상할 수 있다.

- 평소에 새롭거나 흥미로운 아이디어를 기록하여 보관한다. 기록하는 습관은 생각을 종합적으로 한 공간에 축적하는 창고와 같다. 현재 수행하는 프로젝트가 없다 해도 평소에 떠오르는 생각을 글이나 그림으로 남기는 것은 향후 디자인을 위한 좋은 자료의 저장이다. 여행, 전시, 특별한 기억과 사물에 대해 사진, 그림, 글 등을 기록하고 저장하는 등의 방법이다.
- 디자인의 목적과 관련된 지식 및 이미지 자료를 수집하고 이를 분석하여 영감을 발상할 수 있다. 디자인 수행을 위한 영감은 문득 떠오르기도 하지만, 수집한 자료를 통해 아이디어를 풍부하게 확장시키는 것도 영감의 발상을 위한 좋은 방법이다.

[†] Tracy Jennings(2011), Ibid., p.199.

[‡] 이경희, 이은령(2008), 패션디자인 플러스 발상, 교문사.

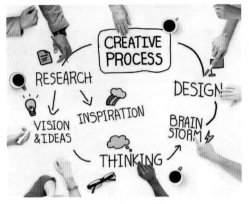

그림 2-6   창의적 패션디자인의 실행

그림 2-7   목표 설정과 패션디자인

• 방대하게 축적된 지식, 정보 및 상상력을 연결 및 재조합하여 흥미로운 영감을 발상할 수 있다. 이미 축적된 다양한 정보나 아이디어를 새롭게 재조합하는 가운데 의외의 독특한 영감을 발상할 수도 있다. 체계적인 영감을 구하는 능력은 타고난 재능이 아니며 훈련을 통해 개발된다.

(2) 목표 설정

모든 디자인은 목표를 갖는다. 패션디자인 달성을 위해서는 심미적 측면과 기능적 측면을 모두 고려하여 목표를 설정해야 한다. 또 앞 단계에서 설정한 영감이 제시하는 디자인의 방향이 디자인의 목표를 달성하는 데 적절한가에 대한 점검이 동시에 이루어져야 한다. 만일 앞에서 설정한 영감이 디자인의 목표를 설정하는 데 적절하지 않다면 이를 다시 재고할 용기가 필요하다. 〈그림 2-7〉과 같이 디자이너가 목표하는 시즌의 패션디자인을 달성하기 위해 고려해야 하는 요소로는 디자인의 타깃, 시즌, T(Time)·P(Place)·O(Occasion) 외에도 소비자의 연령, 성별, 그리고 수용 가능한 디자인 감도 등이 있으며 이를 고려하여 구체적인 목표를 설정하게 된다. 또 제품 생산환경도 고려해야 하는데 소재의 공급, 예산, 납기일 등은 디자이너가 컨트롤 가능한 범위 내에서 목표가 설정되어야 한다. 예를 들어 지속 가능한 패션디자인의 경우, 유기농 천연소재에 적절한 디자인을 고려해야 한다. 디자인 목표에 따른 제한된 조건은 장애요소가 아니며, 오히려 제한점을 활용하여 디자인을 창의적으로 시각화할 수 있는 조건이 된다.

(3) 콘셉트

콘셉트(Concept)의 설정 단계에서는 영감과 디자인의 목표에 따른 디자인의 소재, 컬러, 부자재, 디자인의 전체적인 방향에 대한 스케치 등 발상한 아이디어를 시각적으로 구체화하게 된다. 콘셉트는 영감과 디자인의 목표를 명료하게 반영할 수 있는 효과적인 요소들로 설정해야 시각화 과정을 수월하게 할 수 있다. 콘셉트는 디자인 방향 및 계획에 대한 정보를 체계적으로 수립하고 체계적인 디자인 전개를 위한 정보와 소통의 언어가 된다. 패션디자인에서 콘셉트란 그 자체가 전략이

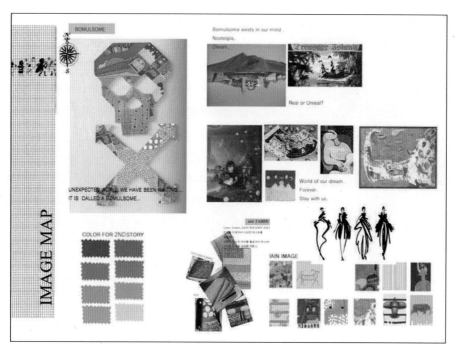

그림 2-8 무드보드의 예

다.[†] 콘셉트가 확립되지 않으면 어떤 시각적인 표현도 충분한 이해의 대상이 될 수 없다. 콘셉트의 세부적인 계획은 일관된 스토리로 만들어 디자인을 체계적으로 실행할 수 있는 로드맵인 무드보드로 제작하는 것이 중요하다. 패션디자인의 창작은 매우 논리적이며 과학적인 체계로 진행되어야 하기 때문이다.

> 무드보드(Mood Board)는 패션디자인을 위한 인스퍼레이션, 디자인 목표에 따른 소재 스와치, 색상 스와치, 부자재, 러프한 디자인 아이디어의 이미지나 스케치 등 디자인을 실행하기 위한 계획과 방향 등을 하나의 공간에 모아놓은 기획의 지침이 되는 보드이다. 공간이 넓다면 한쪽 벽면에 이를 마련하거나, 플립북이나 보드에 콜라주 형식으로 꾸미는 등 다양한 방법으로 구성할 수 있다. 〈그림 2-8〉은 보물섬에서 영감을 받아 제작한 무드보드의 예이다.

무드보드

(4) 아이디어의 실행과 개선

콘셉트를 무드보드로 구체화한 패션디자인의 아이디어를 본격적으로 실행하는 단계이다. 구상된 디자인을 구체화하는 첫 단계는 〈그림 2-9〉와 같은 스케치이다. 설정한 콘셉트에 적절하도록 패

---

† Olivier Gerval, 김혜연 역(2009), 패션디자인의 세계 구상에서 실현까지, 조형사, p.85.

그림 2-9 패션디자인의 실행

션디자인 구성요소를 다각도로 재조합하고 변형하며 자유롭게 스케치하는 가운데 창의적인 패션디자인을 시각적으로 구체화하게 된다. 이외에도 아이디어를 실현하기 위해 마네킹에 직접 드레이핑을 하면서 디자인을 검증하기도 하는데, 이는 원단이 인체에 구현되는 것을 시각적으로 확인하여 디자인을 보다 쉽게 예측하게 해준다. 두 가지 실행방법을 병행하기도 하는데 스케치로 전체적인 실루엣과 방향을 정하고 디자인에서 중요시되는 부분을 드레스폼에 실행하여 디자인을 확고히 하기도 한다. 이러한 아이디어의 구체화에는 정해진 방법이 없으므로, 창작자의 감각과 스타일에 맞는 방법에 따라 진행하면 된다.

(5) 프로토타입

디자이너는 스케치로 실행한 여러 개의 아이디어 중 선택한 몇 개의 디자인에 집중하여 이를 검증하고자 프로토타입(Definition/Modeling)을 제작하게 된다. 디자인을 최종 설정하기 위한 집중, 결정의 수렴적 사고가 필요한 단계이다. 학생들은 아이디어를 설명하고 검증하기 위해 다양한 프로토타입을 만들어 이를 점검하는데, 머슬린에 패턴과 봉제로 만드는 방법과 컴퓨터그래픽 프로그램으로 가상의 시뮬레이션을 만들어 확인하는 방법 등이 이에 속한다. 프로토타입 제작 단계에서는 한발 물러나 객관적으로 평가하고 문제가 있다면 이에 대한 지적과 평가를 수용하여 수정과 보완을 실행해야 한다. 프로토타입의 수정 단계에서는 문제점을 과감히 바로잡을 용기가 필요하다. 발견된 문제의 해결을 위해 콘셉트를 수정해야 한다면, 콘셉트 단계로 돌아가 보완한다.

(6) 아이디어 검증

아이디어 검증(Communication)은 진행하고 있는 패션디자인의 발상과 실행 전반을 평가하는 단계이다. 패션디자인에 대한 평가에 대비하여 디자인 기획의 시각적 자료인 무드보드와 디자인 아이디어를 구현한 프로토타입 등의 자료를 준비해야 한다. 창의적인 디자인에 대한 아이디어의 소통이 원활히 진행될 수 있도록 전문가다운 프레젠테이션을 준비하고 이를 논리적으로 발표해야 한다.

(7) 제작

제작(Production)은 기획한 패션디자인이 생산되어 결실을 맺는 단계이다. 잘 기획된 디자인이라도 예상하지 못한 과정에서 불가피하게 문제가 발생할 수도 있다. 최초에 계획했던 원단이나 소재가 더 이상 생산되지 않거나 해외 생산공장에서 생산을 진행할 수 없다고 하는 등의 다양한 문제가 생길 수 있는 것이다. 디자이너는 여러 가지 문제와 상황에 유연한 사고로 대응해야 한다. 이때 디자이너가 가진 전문가로서의 지식, 경험에 의한 노하우가 발휘된다.

앞에서 고찰한 패션디자인 프로세스의 각 단계는 유기적인 연결과 중복되는 요소들이 있다. 능숙한 패션디자이너 중에는 영감과 디자인의 목표, 콘셉트를 동시에 발상하기도 한다. 디자이너는 최종 디자인을 생산하기 전까지 어떤 지점에서라도 피드백에 따른 수정과 보완 등을 반영할 용기와 끈기를 지녀야 한다. 각 디자인 단계는 모두 필요하며, 한 단계라도 미비하면 문제가 발생하게 된다.

디자이너는 자신만의 디자인 프로세스를 확립하고 문제나 보완이 필요한 상황이 발생할 때 다시 돌아가 이를 수정할 유연함을 발휘하여 계획과 목표에 맞는 작품을 제작해야 한다.

2 창의적 패션디자인의 실행

그림 2-10 1930년대 여성의 패션

창의적인 패션디자인은 풍부한 지식을 활용하여 창의적인 발상을 하고 아이디어를 시각적으로 구체화하는 실행을 계속해서 연마하면 능숙하게 해낼 수 있다. 창조는 이미 존재하고 있는 '유'에서 새로운 '유'를 만드는 일이다.

다양성이 화두가 되는 최근의 패션디자인에서는 레트로(Retro)가, 과거의 복식요소를 차용하고 응용하는 가운데 끊임없는 창조를 생성하는 보고가 되고 있다. 패션디자인에서 레트로는 단순히 옛것을 재현하는 것이 아니라 당시의 시대적 상황과 감각을 현대적 요소들과 접목시키면서 동시대 감성에 맞는 새로운 의미와 가치를 창조하는 작업이다.[†]

〈그림 2-10〉은 1930년대에 전쟁으로 여성의 사회 진출이 확대되면서 당시 여성들 사이에 유행한 패션스타일이다. 이를 이용하면 1930년대의 문화, 복식, 사회 등과 관련된 다방면의 지식과 창작자의 상상력으로 창의적인 패션디자인을 해볼 수 있다. 이처럼 패션과 관련된 지식은 패션디자이너에게 필수적이다. 패션디자인을 고대부터 현재까지 연대기별로 고찰하고, 관련된 지식을 얻어 패션디자인의 발상과 실행을 하는 것은 패션디자이너가 함양해야 할 기초지식이며 패션디자인 창조에 꼭 필요한 과정이다.

여기서는 고대부터 현대까지의 시대별 복식 및 이와 관련된 지식을 바탕으로 학습자 스스로 심화된 지식을 찾아 고찰하고 이를 활용하여 '창의적 패션디자인 전개과정'에 따라 패션디자인을 발상하고 실행하는 것을 연마해보도록 한다. 디자인 전개 시 창의적인 디자인에 대한 평가는 앞서 고찰한 롤로 메이와 토렌스 길포드가 언급한 구체화된 평가지표 항목에 따라 스스로 평가하도록 하며, 이를 통해 자신감을 갖고 디자인을 할 수 있을 것이다.

---

† 주미영, 김영인(2006), 패션에 있어서 시간성이 반영된 룩에 관한 고찰, 복식학회, 56(6), pp.1-15.

1) 고대 복식

서양의 고대 복식은 지금의 터키를 중심으로 한 서쪽을 중심으로 형성되었다. 고대의 대표적인 국가로는 이집트, 그리스와 로마가 있다. 이집트는 고대문화의 발상지이자 복식사의 시발점이다. 이집트 복식은 영원불멸의 종교사상에 입각하여, 영원성을 상징하는 장식들이 화려하고 우아하게 나타난다. 이집트인들은 기하학적인 감각을 지녀서 복식에서도 기하학적인 규칙이 나타났다. 그리스인들은 인체의 아름다운 균형과 조화의 미를 중시하였으며, 직사각형의 천을 몸에 두르는 드레이퍼리 형식의 의상을 발달시켰다. 그리스의 드레이퍼리는 로마로 계승되어 발전하였다.

건조한 아열대성 기후에서 발생한 고대는 인체의 아름다움을 지향하는 미의식이 강하게 발달했던 시기이다. 이러한 미의식이 고대 복식에서는 인체 곡선의 아름다움을 부각하기 위한 기술로 반영되었다.

(1) 고대 복식의 종류

이집트 복식

- **로인클로스(Loincloth)** 로인클로스는 한 장의 천을 허리에 둘러 입는 랩스커트(Wrap skirt) 형식의 의복이다(그림 2-11). 직사각형의 천을 허리에 한 번 감아 입는 것이 기본으로 남녀 모두 착용하였으며, 허리 부분에 천의 끝지락을 끼워 넣거나 끈으로 매어 입었다. 신왕국시대의 로인클로스는 길이가 짧아진 쉔티, 주름이 많은 킬트, 그리고 갈라 스커트 등 다양한 형태로 발전하였다.

- **하이크(Haik)** 상류층 남녀가 입었던 몸에 걸치거나 둘렀던 숄 형태의 의복이다(그림 2-12). 한 장의 천을 숄과 같이 걸쳤으며 칼라시리스(Kalasiris)나 킬트 위에 걸쳐 입거나 정사각형의 천을 양 어깨가 덮히도록 두르고 앞에서 매어 입기도 하는 등 천의 크기와 모양에 따라 다양하게 활용하였다.[†]

- **쉬스 스커트(Sheath skirt)** 이집트의 기본 복식이었다. 한 장의 천을 가슴 아래에 원통형으로 몸에 꼭 맞게 둘러 입었던 의복으로 유방 부분에 어깨끈이 달린 옷이었다. 길이는 발목까지 왔고 직사각형의 천을 옆으로 접어 한쪽 끝을 봉합하고 어깨끈 한두 개를 V자나 II자로 단 형태의 하이웨이스트 디자인이었다(그림 2-13).[†] 자수, 구슬, 기하학 문양, 가죽의 커팅 등으로 장식하여 착용하였다.

- **칼라시리스(Kalasiris)** 남녀 모두 착용한 로브스타일로 신왕국시대에 많이 입었던 의복이다(그림 2-13). 한 장의 천을 접어 가운데에 구멍을 뚫고 머리로부터 뒤집어 쓰고 다양한 스타일을 연출하였는데, 허리에 주름잡은 천을 둘러 묶거나 핀으로 고정하는 등의 변형을 하였다. 왕족은

[†] 김은실(2009), 이집트 복식의 재해석을 통한 미적 특성에 따른 조형적 특성에 관한 연구, 복식문화연구, 17(3), pp.383-395.

[‡] 오병근(2013), Op.cit., p.24.

그림 2-11 로인클로스

그림 2-12 하이크

그림 2-13 칼라시리스(좌)와 시스 스커트(우)

풍성한 실루엣으로 위엄을 과시하기도 하였다.

그리스, 로마 복식

- **키톤(Chiton), 스톨라(Stola)**　키톤은 한 장의 직사각형 천을 몸에 두르고 양쪽 어깨에 핀을 꼽는 튜닉 형식의 그리스 복식이다(그림 2-14). 도릭 키톤과 이오닉 키톤의 두 종류가 있었으며 도릭 키톤보다 이오닉 키톤의 폭이 더 넓어서 어깨에 피불라, 단추, 브로치로 폭을 조절하여 입기도 했다. 폭이 넓었기에 가장자리를 자수 장식으로 화려하게 연출하기도 했다. 그리스의 키톤은 로마의 스톨라로 발전하였다.

- **히마티온(Himation), 클라미스(Chlamys), 토가(Toga)**　히마티온은 그리스인들이 숄과 같은 형태로 착용하던 직사각형의 망토이다. 착용하는 방식은 한쪽 어깨에서 시작하여 몸통을 여러 번 감아 팔에 걸치거나 핀으로 고정하는 방식 등이 있었다(그림 2-15). 이것은 점점 부피가 커졌으며 로마의 대표적인 복식인 토가로 변형되었다. 클라미스는 히마티온을 변형한 짧은 키톤 위에

그림 2-14 키톤

그림 2-15 히마티온

그림 2-16 로마의 클라미스(좌)와 토가(우)

그림 2-17 튜닉

입은 망토로 여행자, 군인, 여성이 착용하였다(그림 2-16).

- **튜닉(Tunic)** 남녀 모두 착용한 고대 로마의 대표적인 의복이다. 넉넉한 실루엣에 허리띠를 매거나 T자형 실루엣 원피스 등 다양한 길이와 품이 나타났으며 속옷과 겉옷으로 활용되었다(그림 2-17).

(2) 고대 복식의 특징

인체 우선형 복식

고대 복식은 인체미를 부각하기 위한 실루엣과 디자인이 특징이다. H라인과 A라인의 실루엣, 인위적이지 않아 자연스러운 루즈핏 등은 인체의 아름다움을 부각시키기 위한 디자인요소였다. 다양한 폭의 천 한 장을 인체에 걸쳤던 고대 복식은, 인체 형태를 기반으로 한 인체 우선형 복식의 기원이 되었다.

드레이퍼리

드레이퍼리(Drapery)는 한 장의 천을 자유롭게 걸치거나 두르는 것으로 '부드러운 천의 우아한 주름', '주름이 잡힌 옷' 등의 뜻을 지닌다. 정확히는 부드러운 천이 자연스러운 형태의 일정한 형식을 취하지 않는 의복이 되는 것, 주름과 주름이 드리운 천의 주름을 잡는 일 혹은 이러한 방법으로 의복을 디자인하는 복식기법을 말한다.[†] 드레이퍼리 기법은 자유로운 방식으로 옷을 구성하여 인체에 예술적인 표현을 하게 해주는 디자인 구성법으로, 오늘날 많은 패션디자이너가 이 기법을 활용하고 있다.

고대 복식의 특징을 살려 디자인한 예

마담 그레

"저는 조각가입니다. 저에게 있어 패션은 돌이 아닌 천을 다루는 것일 뿐입니다"라고 한 마담 그레(Madame Gres, 1903~1993)는 1940년부터 1980년대까지 섬세한 플리츠 디테일로 유명세를 떨친 쿠튀리에였다. 인체의 곡선과 조화를 이룬 섬세한 주름의 드레이퍼리는 고대 복식의 인체미를 드러내는 방식이 디자인에 적용된 것이었다.

마담 그레의 섬세한
플리츠 드레스

마들렌 비오네

"옷은 인체에 걸려 있으면 안 되고 인체의 곡선을 따라 흘러야 한다. 옷은 입는 사람과 함께해야 하며, 여성이 미소 지을 때 그녀와 함께 미소 지어야 한다"고 말한 마들렌 비오네(Madeleine Vionnet, 1876~1975)는 바이어스 재단(정방향의 옷감을 45도의 대각선 방향으로 놓아 옷본을 배치하여 제작하는 재단법으로 착용자에게 편안함을 주며 다트 없이도 입체적인 표현이 가능)으로 유명한 프랑스 패션디자이너였다. 옷을 만든 그리스풍 디자인의 창시자, 옷을 만드는 건축가, 쿠튀르에 중의 쿠튀르에르, 외솔기 드레스의 창조자, 패션의 순수주의자 등 그녀를 묘사하는 수식어가 패션계에 그녀가 남긴 업적을 말해준다(권유진, 2011, 네이버 지식백과). 재료 사용에 천재적이었던 그녀의 진정한 예술작품으로 간주되는 드레이프 작품에는 크레이프 드 신, 부드러운 벨벳, 매끄러운 새틴과 같은 몸에 밀착되는 소재가 주로 사용되었다.

---

† 두피디아 두산백과, 2019 http://www.doopedia.co.kr/doopedia/master/master.do?_method=view&MAS_IDX=101013000697231

고대 시대와 관련된 다양한 요소를 찾아 창의적인 패션디자인으로 활용할 수 있는 지식을 구해보자 (예: 드레이퍼리, 로인클로스, 기하학적 요소 등).

Do it!
yourself
다음 표 안 지시사항에 따라 창의적인 패션디자인을 전개해보자.

무드보드 제작(영감, 목표 설정, 콘셉트)

고대 복식을 패션디자인으로 전개하기 위해 영감, 목표 설정과 콘셉트를 구체화하는 아이디어를 보드 안에 구성한다. 사진, 이미지, 콘셉트를 구현하기에 적절한 소재, 컬러 스와치 및 러프한 실루엣 등을 스케치하며 디자인 방향을 기획한다.

아이디어 실행과 개선		
	아이디어 실행 1	아이디어 실행 2
고대 복식을 활용한 패션디자인	무드보드에 설정된 기획을 실행할 구체화된 아이템과 실루엣 구상	창의성 평가항목(롤로 메이, 토렌스 길포드)에 따라 디자인의 아이디어를 검증하고 보완

2) 중세 복식

중세는 서양 역사에서 서로마제국이 멸망하고(476) 게르만 민족의 대이동이 있었던 5세기부터 근세(1500~1800)가 시작되기 전까지를 의미한다. 중세는 문화적인 특징의 양상에 따라 비잔틴, 로마네스크, 고딕의 시기로 나누어지는데 기독교가 사상의 근간이 되어 문화 전반에 반영되었다. 신에 대한 존경심과 영광을 드러내려 하였으며, 신에게 다가가기 위해 조형물들은 수직적인 길쭉한 형태로 강조되었다.[†] 이에 따라 조형물의 형태는 수직적인 길이 중심이 주를 이루었다. 스콧(Scott)은 저서 《드레스의 역사(The History of Dress)》에서 드레스가 "성냥개비 같은 몸, 하늘나라에 사는 데 적합한 아주 축복받은 자의 가벼움"을 나타내기 위한 것이라 하였다.[†] 중세에는 신 중심의 종교 사상의 영향으로 육체미를 은폐하기 위한 롱 앤 슬림 실루엣의 복식이 선호되었다.

(1) 중세 복식의 종류

중세 초기 복식

중세 초기에는 로마의 황제 콘스탄티누스가 콘스탄티노플을 수도로 옮기며 동로마제국이 로마의 전통을 계승하였다. 동로마제국은 비잔틴제국이라고도 하며, 비잔틴 양식은 이 시기의 미술양식을 지칭하는 용어이다. 이 지역은 상업과 군사상 교점으로 당시 유럽과 아시아의 중심이자 세계 유행의 중심지였다. 또한 각종 선박의 교역지로 러시아, 중국, 아라비아 등의 국가에서 모피아 가죽, 곡물, 실크, 향료, 보석 등을 들여왔으며 직물, 금속의 제조업 및 세공업이 발달하였다. 품질이 우수하고 색채와 문양이 화려한 비잔틴 실크는 복식의 주재료가 되었다.

- **달마티카(Dalmatica)** 남녀가 입었던 T자형으로 재단된 옷이다. 품과 소매가 넓은 튜닉 형태이다(그림 2-18). 직사각형을 반으로 접어 양쪽 팔 밑을 직사각형으로 잘라내고 가운데 머리가 들어갈 부분을 ―, T, U 등의 모양으로 파서 만들었다.[‡] 품과 소매가 넓다.
- **팔루다멘툼(Paludaméntum)** 고대 로마시대의 군용 외투인 토가와 유사한 비잔틴의 팔루다멘툼은 중세에 외투로 정착되었다(그림 2-19). 왼쪽 어깨에서 오른쪽 어깨로 둘러서 피블라(Fibula)로 고정하여 착용하였다. 왕족은 가장자리에 금·은 실로 장식하여 화려하게 입었다. 중세 후기에는 일반인의 착용이 금지되면서 왕족과 귀족의 공식 의복이 되었다.
- **로룸(Lorum)** 팔리움이 장식적인 띠로 변한 것이다. 긴 패널 형식으로 몸 전체에 두르거나, 머리가 들어가는 네크라인이 오픈되고 앞뒤로 길게 늘어뜨리는 Y스타일이 있었다. 이집트의 목걸

† 박숙현(2017), 모던,고딕 시대 복식과 포스트모던, 르네상스시대 복식의 유사성 비교, 한국생활과학회지,8(1), pp.193-209.

† Margaret Scott(1980), The History of Dress Series: Late Gothic Europe 1400-1500, Human Press, N.j., p.41.

‡ 정흥숙(1997), 서양복식문화사, 서울: 교문사, p.108.

그림 2-18 달마티카　　　**그림 2-19** 팔루다멘툼　　　**그림 2-20** 로룸

그림 2-21 페눌라　　　　　**그림 2-22** 팔리움

이인 파시움과 같이 폭이 넓은 칼라 스타일도 있었다(그림 2-20). 왕족에게만 착용이 허용되었다.[#]

- **페눌라(Paenula)** 망토의 일종으로 길이가 길다. 〈그림 2-21〉의 왼편에 나타나 있는 페눌라는 로마에서 서민들이 외의로 착용하였으나, 비잔틴에서는 사제복으로 입었고 현재는 전례복으로 사용된다.

- **팔리움(Pallium)** 팔리움은 직사각형의 천을 랩 스타일로 몸에 둘러 입는 그리스의 하마티온과 유사한 형식의 의복이다(그림 2-22). 주로 철학자들이 입었고 후에 일반인이 착용하다가 나중에는 성직자의 어깨띠로 착용되었다.

[#] 정흥숙(1997), Ibid., p.108.

그림 2-23 블리오　　　　**그림 2-24** 코르사주　　　　**그림 2-25** 망토

중세 중기 복식

중세 중기의 로마네스크는 8세기 말부터 12세기 중엽까지의 중세시기에 발달한 미술양식이다. 이 시기에는 동방으로부터 풍부한 염료가 수입되고 생산기술이 개선되며 양질의 모직물이 발달하여 유럽의 복식이 발달하였다. 생활수준의 향상으로 종래의 귀족, 성직자 위주로 착용되었던 의복이 서민들에게도 일반화되기 시작하였다.

- **블리오(Bliaut)**　몸이 꼭 맞고 스커트가 풍성하고 소매 끝이 낄때기 형대같이 넓어지는 원피스 드레스이다(그림 2-23). 몸에 맞게 만들기 위해 끈을 몸통 옆의 절개선에 넣어 조여주거나, 옆 트임을 하고 끈을 X자로 묶어 조절하기도 하였다. 허리끈으로 아랫배나 윗배를 눌러 강조하는 것이 특징이다. 코트는 중세 말기의 튜닉형 원피스로 중기의 블리오가 변형된 의상이다.
- **쉥즈(Chainse)**　튜닉이나 블리오 안에 입는 옷으로 발목까지 오는 길이이며 폭과 소매폭이 좁다. 중세 말기에는 슈미즈로 변형되었다.
- **코르사주(Corsage)**　몸에 꼭 끼고 앞이 트이지 않은 조끼 스타일의 옷이다. 블리오 위에 입고 트인 등을 끈으로 끼워 잡아당겨 몸의 실루엣을 드러내는 방식으로 착용하였다(그림 2-24). 긴 장식띠를 허리에 한 번 두르고 다시 코르사주 단을 따라 배 밑에서 매고 끈을 늘어뜨렸다. 신축성을 주기 위해 울과 실크의 교직물을 두세 번 겹쳐서 누비고 보석으로 장식한 것이 특징이다.
- **망토(Manteau)**　추위를 막기 위해 정사각형, 직사각형이나 원형의 울을 사용해 어깨에 두르고 오른쪽 어깨에서 핀 등으로 고정하여 입었다(그림 2-25). 장식으로 가장자리에 수를 놓아 트리밍하기도 하였다.

중세 말기 복식

중세 말기의 고딕양식은 12~15세기까지 중세문화를 대표한다. 고딕양식은 하늘에 존재하는 신과 가까워지기를 소망하는 중세인들의 신앙을 나타내기 위한 것으로 높은 천장, 수직의 첨탑, 긴 창

그림 2-26 중세 고딕양식 건축

문, 화려한 색채의 유리장식 등이 특징이다(그림 2-26). 길고 뾰족한 형태의 수직적 조형미는 의복에도 반영되었는데, 〈그림 2-27〉과 같이 폭이 넓고 길어진 V형 네크라인의 로브와 길고 뾰족한 원꼴형 모자인 에넹(Hennin)은 고딕시대를 대표하는 복식의 형태이다.

- **코트(Cotte)** 로마네스크 시대의 블리오가 사라지고 생긴 의복으로 남녀가 입었던 튜닉형 원피스이다. 일반 서민이 입었던 울 소재로 소매는 좁아져 활동적이었다. 코트 속에는 쉥즈를 입고 위에는 쉬르코의 겉옷을 착용하였다(그림 2-28).
- **슈미즈(Chemise)** 로마네스크의 쉥즈와 유사한 형태로 코트 속에 입었던 드레스이다. 목둘레와 소맷부리에 금실이나 색실로 자수를 하거나 레이스로 장식하였다.
- **쉬르코(Surcot)** 십자군 전쟁 당시 눈, 비와 먼지 등에서 몸을 보호하기 위해 갑옷 위에 입던 겉옷이다(그림 2-29). 장식적인 겉옷으로 코트나 코트아르디 위에 입었다. 화려한 색상의 실크나 곱게 짠 울 등의 고급 옷감으로 만들었으며, 문장으로 장식하기도 하였다. 14세기 중엽에는 쉬르코 대신 우플랑드를 입었다.
- **우플랑드(Houppelande)** 14세기에서 15세기에 나타난 품이 넓고 긴소매와 높은 칼라가 특징인 외투이다(그림 2-30). 긴소매가 땅에 닿을 정도로 길었으며, 스탠드 칼라, V 네크라인, 둥근 칼라 등 다양한 네크라인이 특징이었다. 귀족들은 우플랑드의 폭과 길이를 크게 하고 자수와 보석 등으로 화려하게 장식하였다.

그림 2-27 V형 네크라인과 폭이 넓고 길어진 로브

그림 2-28 코트

그림 2-29 쉬르코

그림 2-30 우플랑드

(2) 중세 복식의 특징

인체 은폐형 복식

종교가 절대적인 영향을 미친 중세는, 신체 노출이 금기시되어 의복이 인체를 은폐하는 경향이 지배적이었다. 고딕시대로 접어들면서 실루엣은 더욱 가늘고 길어졌으며 뾰족한 중세 복식만의 양식이 정착되었다. 의복의 뒤나 옆을 트고 끈으로 묶거나 허리에 장식 띠를 둘러 인체를 가늘고 길쭉해 보이도록 하였다.

화려한 종교적 장식

중세시대 복식은 신 중심의 사상과 동양 문화의 영향으로 화려하게 장식된 의복이 주를 이루었다. 중세 의복은 직물을 금·은사로 수놓은 자수, 보석 등을 이용하여 화려하게 장식한 것이 특징이다. 십자군 원정에서 비롯된 고딕 복식에는 가문의 상징적인 문장을 사용하기도 하였으며[†], 자수를 놓은 문장이 신분 상징 및 장식의 효과를 내었다. 신 중심의 사상으로 교회 건축요소인 스테인드글라스와 같은 화려한 색상과 문양이 의복에도 반영된 것이다.

중세시대와 관련된 다양한 요소를 찾아 창의적인 패션디자인으로 활용할 수 있는 지식을 구해보자 (예: 종교, 롱 앤 린, 십자군 전쟁).

Do it! yourself

[†] 정흥숙(1997), Ibid., p.115.

Do it!
yourself
다음 표 안 지시사항에 따라 창의적인 패션디자인을 전개해보자.

무드보드 제작(영감, 목표 설정, 콘셉트)

중세시대를 패션디자인으로 전개하기 위해 영감, 목표 설정과 콘셉트를 구체화하는 아이디어를 보드 안에 구성한다. 사진, 이미지, 콘셉트를 구현하기에 적절한 소재, 컬러 스와치 및 러프한 실루엣 등을 스케치하며 디자인 방향을 기획한다.

중세 복식을 활용한 패션디자인	아이디어 실행과 개선	
	아이디어 실행 1	아이디어 실행 2
	무드보드에 설정된 기획을 실행할 구체화된 아이템과 실루엣 구상	창의성 평가항목(롤로 메이, 토렌스 길포드)에 따라 디자인의 아이디어를 검증하고 보완

3) 근세 복식

(1) 근세 복식의 종류

르네상스 복식

르네상스시대는 동로마제국 이후 14세기부터 16세기까지로, 이 시기에는 고대 그리스와 로마시대의 인간 중심적 순수미를 재현하고자 하였다. 중세시대 십자군 전쟁의 실패는 신 중심 사고에 회의를 불러왔으며 인간의 가치와 존엄성을 강조하는 인간 중심의 시대로 변하게 만들었다. 복식에서도 인체미를 부각하기 위한 요소들이 나타났다. 자연스러운 인체 본연의 미를 중요시했던 고대 그리스와 로마 시대의 복식이 드레이퍼리 형식 중심의 디자인이었다면, 르네상스시대 복식은 이상적인 인체미를 드러내기 위한 변형과 왜곡 및 과도한 장식이 나타나기 시작했다. 르네상스시대에 새롭게 조명된 역동적인 세계관에 부합하는 인간상을 표현하기 위해, 복식에서 새로운 미적 원형이 창조되었으며 다양한 디테일과 장식적 표현이 두드러졌다.

- **로브(Robe)** 르네상스의 대표적인 여성 복식이다. 고딕시대의 코트와 우플랑드가 변형된 의상으로 드레스(Dress)라는 명칭으로도 불린다. 러프 칼라, 메디치 칼라, 부풀려진 소매와 스터머커 등의 장식이 화려하고 과장되었다.

- **러프(Ruff)** 여성의 기본 복식인 로브에 부착하던 네크라인의 장식으로 머리를 곧게 세워 일할 필요가 없는 귀족들의 특권을 나타내는 상징적 요소였다.[†] 거대한 볼륨의 러프는 르네상스 복식의 대표적인 요소이며, 러프의 크기는 목적에 따라 다양하였다(그림 2-31).

- **파틀렛(Partlet)** 가슴과 목을 가리기 위한 그물망이다. 여성용 로브의 깊게 파인 네크라인을 장식하는 일종의 어깨걸이였다. 얇고 투명한 리넨 원피스에 작은 진주와 보석, 반짝이는 황금 스팽글 등을 달아 데콜테로 파인 가슴을 더욱 아름답게 보이게 했다.[†]

- **슬래시(Slash)** 겉옷에 가위로 절개를 하거나 구멍을 내고 잘린 곳으로 속옷이 보이게 하거나 의도적으로 다양한 천을 보이게 하여 장식하는 기법으로 특히 드레스 소매에 장식된 슬래시 기법은 화려하였다(그림 2-32). 십자군 전쟁에 참여한 군사들의 의복이 칼로 찢겨나가 겉옷 안의 슈미즈가 밖으로 나온 것에서 유래된 기법이다. 초기에는 어깨와 소매 붙이는 곳, 팔꿈치, 무릎 등 관절 부분에 절개를 넣어 움직임을 자유롭게 하는 기능을 위한 것이었으나, 유행하면서 과잉 장식으로 과도하게 활용되었다.

- **에폴렛(Epaulette)** 의복의 어깨에 달린 날개장식이다(그림 2-33). 소매를 몸판에 끈으로 연결한 후 진동둘레의 이음새를 가리기 위한 것이었다. 어깨의 진동둘레를 따라 패드를 넣었는데 의

---

† 이현정, 김경희(2008), 현대 복식에 나타난 근세 복식의 디테일적 요소에 관한 연구-16C 르네상스 복식을 중심으로-, 학술대회 포스터발표 논문.

‡ 정흥숙(1997), Op. cit., p.172.

상을 화려하고 우아하게 장식하기 위해 자수나 보석을 달기도 하였다.

- **베르튀가댕(Vertugadin)**　원추형 버팀대이다. 상의는 코르셋으로 타이트하게 조이고 베르튀가댕(그림 2-34), 원통형인 파팅게일(Farthingale) 등과 같은 버팀대로 스커트를 거대하게 부풀리는 실루엣이 유행하였다.
- **코르셋(Corset)**　몸을 조여 과장된 인체미를 표현하기 위한 것이었다(그림 2-35). 종류로는 바스킨(Basquine)과 코르피케(Corps-pique)가 있다. 바스킨은 앞이나 옆 또는 뒤가 트인 조끼 형식으로 허리, 배, 가슴을 조이는 역할과 밑부분에 끈이 달려 있어 속치마와 연결이 가능한 구조이다. 고래수염, 상아 등을 재료로 한 얇은 패드는 두 겹의 리넨 사이에 넣어 촘촘히 누벼 만든다. 코르피케는 여러 겹의 리넨을 겹쳐 누벼 바스크보다 강하게 몸을 조이는 코르셋이다.
- **스토머커(Stomacher)**　코르피케나 바스킨 위에 입는다. 가슴과 아랫배에 걸쳐 역삼각형으로 붙인 가슴받이의 일종으로 패드를 넣어 단단한 형태를 유지하였다(그림 2-36). 목둘레선 부분

그림 2-31　거대한 러프

그림 2-32　슬래시의 소매, 과도한 버팀대의 드레스

그림 2-33　패드와 에폴렛으로 장식된 소매

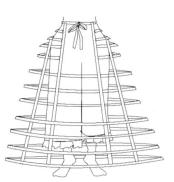

그림 2-34　베르튀가댕

그림 2-35　코르셋

그림 2-36　스토머커, 행잉 슬리브, 푸르푸앵

은 직선으로 되어있어 착용하면 데콜테로 스퀘어 라인이 된다.[†]

- **행잉 슬리브(Hanging sleeve)** 기본 소매 위에 또 다른 소매가 달려있는 구성의 소매이다(그림 2-36). 소매의 기능보다는 장식을 위한 목적으로 활용된다.
- **푸르푸앵(Pourpoint)** 남성들이 입은 대표적인 상의로 패드를 넣고 부피를 크게 하여 남성미를 과시하였다. 중세시대 병사들의 갑옷 속에 입었던 지퐁(Gipon)이 발달·변형된 재킷이다(그림 2-36).

바로크 복식

바로크(Baroque)는 유럽 문명사에서 17세기에 유행한 예술양식을 지칭하는 용어이다. 바로크 양식은 다채로운 색상과 곡선 등의 요소가 화려한 것이 특징이다. 르네상스의 조화로운 장식과는 다르게 바로크는 부조화되는 장식의 나열, 남녀 복식의 크로스 드레싱이 나타났다. 르네상스의 조화와 균형이라는 고전주의적 규칙들을 와해하고 부조화, 불규칙과 무질서의 독특한 미적 취향을 지향

그림 2-37 위스크 칼라

그림 2-38 폴링 칼라

그림 2-39 레그 오브 머튼 슬리브

그림 2-40 마맬루크 슬리브

그림 2-41 파고다 슬리브

[†] 이은영, 성은주, 이지원(1997), 현대 패션에 나타난 르네상스적 장식요소에 관한 연구-1995년 이후에 나타난 트렌드 중에서-, 자연과학학회지 10(1), pp.153-174.

하였고 자수, 리본과 레이스의 과도한 장식은 1650년대에서 1980년대 사이에 크게 유행하였다. 다양한 네크웨어가 새로운 유형의 칼라로 탄생하며 디자인의 변화가 온 시대이다.

- **위스크 칼라(Whisk collar)** 납작한 형태를 가진 칼라의 총칭이다. 르네상스시대의 거대한 러프의 볼륨이 납작하게 간소화된 것으로, 〈그림 2-37〉의 여성 드레스는 가슴이 깊게 파인 데콜레테 네크라인에 위스크 칼라로 장식되어 화려하다.
- **폴링 칼라(Falling collar)** 위스크 칼라의 장식에서 칼라가 어깨에 편히 내려앉은 폴링 밴드(Falling band) 칼라는 어깨를 덮는 케이프 형태이다(그림 2-38). 영국의 청교도인들은 순수한 리넨 천으로 만든 넓은 폴링 칼라를 착용하였다.
- **레그 오브 머튼 슬리브(Leg of mutton sleeve)** 소매가 양의 다리 형태를 닮았다고 해서 레그 오브 머튼이라는 이름이 붙었다(그림 2-39). 퍼프 슬리브처럼 부풀었다가 차차 좁아져서 소맷부리에서 꼭 맞는 모양이다.
- **마맬루크 슬리브(Mameluke sleeve)** 소매 여러 곳에 리본을 매고 퍼프를 어깨에서 손목까지 만든 것이다(그림 2-40).
- **파고다 슬리브(Pagoda sleeve)** 소매산은 좁고 소맷부리에 가까워질수록 넓어지는 소매이다(그림 2-41). 소맷부리는 레이스와 같은 로맨틱한 소재로 장식되었다.

로코코 복식

로코코시대는 루이 15세(재위 1715∼1774) 시기부터 프랑스 혁명(1789)까지를 일컬으며 가장 화려한 궁정생활이 펼쳐졌다. 로코코의 어원은 프랑스어의 로카유(Rocaille)와 코키유(Coquille)이며 '정원의 장식으로 사용된 조개껍데기나 작은 돌의 곡선'을 의미한다. 장식으로는 소용돌이, 당초, 꽃 장식 등의 곡선 무늬에 파스텔과 금색을 사용한 것이 특징이다. 로코코 스타일에서는 리본, 진주, 보석, 프릴, 구불거리는 곡선 등의 오트쿠튀르적인 디테일들이 섬세하고 우아하게 나타난다. 이는 복식사에서 가장 화려한 의복이다. 원추형에서 파니에의 버팀대에 의해 점차 옆으로 커지는 극단적인 실루엣으로 변형되었다. 의복을 예술의 경지로 끌어올렸던 시대라 하겠다.

- **로브(Robe)** 로브는 고딕 말기부터 르네상스를 거쳐 로코코시대에 가장 발달한 여성 의상이다. 소매 끝의 앙가장트(Engageantes)[†]와 팔발라(Falbala)[‡]는 로코코 로브의 대표적인 특징이며 디자인의 변형에 따라 종류가 다양하다. 스커트는 오버스커트와 언더스커트의 구조가 기본으로 언더스커트에도 러플, 레이스와 리본 등을 장식하여 화려함이 절정에 이른다(그림 2-42). 네크라인은 U, 스퀘어 등의 깊게 파였는데, 깊이 파인 네크라인의 장식으로는 작은 러플로 장식한

[†] 팔꿈치 길이의 소매에 얇은 레이스나 모슬린에 주름잡은 플레어 모양의 3단 러플로 되어있는 우아하고 아름다운 것이다.
[‡] 꽃줄 장식을 박거나 개더를 잡은 여성복의 옷자락 장식을 말한다. 주름을 잡거나 불룩하게 만든 것도 있었는데 주로 스커트의 장식으로 쓰였다. 17세기에는 옷의 장식으로 유행하였고 소매 등에도 이용되었다.

그림 2-42 로코코 시대의 다양한 로브 드레스

그림 2-43 피슈

그림 2-44 로브 아 라 폴로네즈

그림 2-45 로브 아 라 시르카시엔느

그림 2-46 로브 아 라 렌느

그림 2-47 로브 아 라 르댕고트

숄칼라나 메디치 칼라를 달거나 부드럽고 넉넉한 피슈(그림 2-43)를 두르기도 하였다.

- 로브 아 라 폴로네즈(Robe a la polonaise): 로코코 말기 대표적인 로브이다. 오버스커트를 여러 개의 드레이프로 부피를 크게 하여 힙 양옆에 위치시켰다. 오버스커트의 가늘게 잡아당겨 생기는 주름은 우아하였으며, 이러한 방식으로 스커트의 높이를 조절할 수 있었다(그림 2-44). 소매는 자보 슬리브(Jabot sleeve)로 팔꿈치까지 꼭 끼고 끝은 러플로 장식되었다.
- 로브 아 라 시르카시엔느(Robe a la circassienne): 로브 아 라 폴로네즈의 변형으로 길이가 짧아 다리가 보이는 것이 특징이다(그림 2-45). 유럽 역사상 처음으로 여성 복식에서 다리를 드러낸 사례였다.
- 로브 아 라 렌느(Robe a la reine): 마리 앙투와네트가 처음으로 입어 유행한 로브이다(그림 2-46). 깊은 데콜테 네크라인을 메디치 칼라와 같이 세워서 장식하고 스커트는 개더를 잡아 풍성하게 하였다. 허리는 새쉬벨트, 스커트의 단은 플라운스 등 여성스러운 장식이 돋보이는 로브이다.
- 로브 아 랑글레즈(Robe a l'anglaise): 날씬한 로브로 몸에 꼭 끼는 바디스는 가슴을 강조하였다. 스커트는 길고 폭이 넓었고 소매는 길고 가는 모양에서부터 부드럽고 풍성한 팔꿈치 길이의 퍼프 슬리브까지 다양했다. 스커트를 부풀리는 파니에 없이 착용해도 풍성한 스타일이 가능하여 애용되었다.
- 로브 아 라 르댕고트(Robe a la redaingote): 남성적인 디자인의 가운으로 이제까지의 여성적인 분위기와는 다른 여성 코트의 시조이다(그림 2-47). 가는 허리, 넓은 라펠과 더블 단추가 특징으로 안에는 러플 디테일의 소매와 칼라의 이너를 착용하였다.
- 로브 아 라 카라코(Robe a la caraco): 투피스형 로브이다. 힙을 부풀린 스커트에 페플럼이 달린 허리길이의 상의는 재킷을 걸친 듯하게 표현된다. 깊게 파인 목에 피슈(Fichu) 칼라†가 달려 있다.
- 로브 볼랑(Robe volante): 뒤의 와토 주름이 풍성한 로브이다. 느슨한 스타일로 초기에는 외출복으로 애용되지 못하였으나 뒷목둘레와 양 어깨에 생겨난 주름이 여성스러운 아름다움으로 받아들여졌다.

• **슈미즈(Chemise)** 맨살 위에 입는 속옷의 일종이다. 로코코시대에는 에로틱을 추구하여 레이스와 프릴을 목둘레, 소매 등에 달아 장식하였다.

• **파니에(Panier)** 스커트를 부풀리기 위한 허리받이 형식의 속치마이다(그림 2-48). 코르셋으로 조인 허리 위에 슈미즈를 입고 그 위에 스커트 버팀대인 파니에를 입는다. 파니에는 엉덩이를 돌출시키기 위한 두 개의 후프가 달린 속치마로, 드레스의 형태를 고정시키는 역할을 한다.

---

† 위는 삼각형 앞은 V 네크라인의 커다란 칼라로 18~19세기 여성들이 애용하였다.

그림 2-48 파니에

그림 2-49 펠리스

- **펠리스(Pelisse), 펠레린(Pelerine)**   방한을 목적으로 착용한 망토 형태의 외투이다. 펠리스는 〈그림 2-49〉와 같이 모자가 달리지 않았고, 펠레린은 모자가 달려있었다. 소재로는 새틴이나 벨벳을 많이 사용하였으며 가장자리는 모피로 장식하고 여밈은 끈이나 단추로 하였다.

(2) 근세 복식의 특징

인체과장형 복식

인체과장형 복식이란 인위적인 실루엣을 만들기 위해 신체를 재구성하고 은폐하여 고전적인 비율과 균형을 파괴·왜곡하는 것으로, 과장된 부분에 강조효과가 생긴다.[†] 근세 복식은 이상적인 인체의 아름다움을 드러내기 위해 어깨, 가슴과 엉덩이 등의 인체 부피를 과장하였다. 베르튀가댕, 파니에, 코르셋 등은 허리를 가늘게 조이고 엉덩이의 부피를 과장하기 위한 일종의 장치들이었다. 더불어 장식된 러프, 러플, 슬래시 및 다양한 소매와 네크라인 등 화려한 장식 디테일은 신분과 권위를 상징적으로 부각시켰다. 인체를 과장하는 근세 복식의 유형은 현대 패션디자인에도 지속적으로 활용되고 있다. 현대 패션디자인에서의 과장형 복식은 크게 인체우선형 과장 복식과 인체은폐형 과장 복식으로 나누어진다.

- **인체우선형 과장 복식**   인체 구조를 과장하여 드러내기 위한 인체우선형 과장 복식은 신체의 특정 부위를 도드라지게 드러내는 스타일이다. 아워글래스 실루엣이 대표적인 인체우선형 과장 복식에 해당된다. 코르셋, 패드와 같은 보조장치를 사용하여 이상적인 인체미를 구현한다.
- **인체은폐형 과장 복식**   인체 구조를 은폐하기 위한 인체은폐형 과장 복식으로, 벌크 실루엣이 대표적이다. 인체은폐형 과장은 인체와 의복의 공간이 많아 전체적으로 풍성하거나 특정 부위

[†] 김호정, 김순자(2005), 현대 패션에서의 과장형 복식의 특징과 상징적 의미에 관한 연구, 복식문화학회, 13(6), pp.883-895.

에 공간이 집중되어있는 형태이다. 종류로는 신체의 구조적 특징이 나타나는 은폐와 인체의 형태를 무시한 과장 복식이 있다.[†]

과도한 장식

바로크시대의 의복은 다양한 소매와 네크라인 디자인, 장식으로 과도하게 화려하였다. 러프 칼라, 목 뒤로 뻗은 위스크 칼라, 폴링 칼라, 데콜레테 네크라인, 스퀘어, 바토 네크라인 등 가슴이 드러나는 부분에 레이스를 달아 가슴의 아름다움을 강조하였다. 소매는 레그 오브 머튼 슬리브, 행잉 슬리브, 파고다 슬리브, 퍼프 슬리브 등 다양한 디자인이 화려함을 더했다. 바로크시대의 의복 디테일은 장식적이며 화려한 요소가 비정형적이면서도 자유로웠다. 로코코시대 복식은 레이스, 리본, 플라운스 등의 과잉 장식이 곳곳에 반복되면서 전체적으로 완벽한 조화를 이루는 가운데 예술적인 면모를 드러내었다.

근세 복식의 특징을 살려 디자인한 예

뉴룩

1947년 크리스찬 디올이 선보인 바 슈트(Bar Suit)에 대해 〈하버스바자〉의 편집장 카멜 스노(Carmel Snow)가 "It's such a new look"이라고 말한 데서 그 명칭이 유래되었다. 비스듬한 어깨 라인과 가는 허리, 종아리 길이의 풍성한 치마의 아워글래스 스타일이다. 바 슈트의 완벽한 형태를 만들기 위해서 퍼케일로 안감을 대고, 모든 솔기에 테이프를 붙이고 가슴 부분에는 뼈대를 대었다. 허리를 조이는 벨트는 안에 덧대었는데 이러한 장치는 자연스럽고 유연한 인체 곡선이 아닌, 이상적으로 과장된 곡선을 만들기 위해서였다.

크리스찬 디올의 뉴룩

빅룩

빅룩(Big look)은 크고 넉넉하게 만들어서 인체 고유의 형태를 무시하는 의복우선형 과장 스타일이다. 파리에서 활동했던 일본 디자이너 다카다 겐조(Takada Kenzo)가 1970년대에 처음 디자인한 것으로, 그는 몸에 잘 맞는 서양 패션에 싫증을 느끼면서 "너무 큰 것이 알맞은 사이즈다(Much too big is the right size)"라고 하며 비구축적이면서도 몸에 자유를 주는 의복을 개발하였다. 이세이 미야케(Issey Miyake), 요지 야마모토(Yohji Yamamoto), 레이 가와쿠보(Rei Kawakubo) 등 일본 디자이너들에 의해 세계적으로 유행하였다.

[†] 김호정, 김순자(2005)., Ibid.

오트쿠튀르

오트쿠튀르(Haute couture)는 고급을 뜻하는 '오트(Haute)'와 봉제, 혹은 바느질을 뜻하는 '쿠튀르(Couturier)'로 구성된 단어로, 고품질의 패션디자인과 구성을 뜻한다. 이를 실행하는 쿠튀리에(Coutrier)는 이름 없는 장인에서 시작하여 창작 디자이너, 즉 예술가의 신분으로 격상되었다. 최초의 쿠튀리에는 찰스 프레데릭 워스(Charles Frederick Worth, 1825~1895)로 그는 상류계급 여성을 겨냥한 첫 오트쿠튀르 하우스를 파리에 개최하고, '패션디자이너'라는 용어를 처음으로 사용하였다. 오트쿠튀르는 19세기 쿠튀리에 워스(Worth)에 의해 등장한 이래로, 현재까지 지속되고 있다. 소수 개인을 위한 주문 맞춤의상을 생산하는데, 고급 소재와 트리밍, 그리고 수공예의 디테일과 완벽한 가공 등이 특징이다. 쿠튀리에가 쿠튀르하우스로 인정받기 위해서는 쿠튀르 의상조합의 규칙을 따라야 했다. 조합의 규칙은 개인 고객을 위한 주문 생산, 15명 이상의 정규 직원을 가진 작업장인 아틀리에를 가지고 있어야 하며, 각 시즌 파리 언론에 컬렉션을 적어도 35벌 이상의 데이웨어와 이브닝웨어로 구성하여 발표해야 한다는 것이었다. 오른쪽은 쿠튀리에인 피에르 발망(Pierre Balmain, 1914~1982)이 모델에게 디자인한 드레스를 입히고 가봉하는 사진이다.

© Carl Van Vechten

가봉 중인 피에르 발망(1947)

프레타포르테

프레타포르테(Prêt-à-porter)는 1940년부터 사용된 용어로, 오트쿠튀르의 고가 의상과 비교해 볼 때 가격이 낮고 품질이 떨어지는 고급 기성복(Ready-to-wear)을 지칭한다. 세계 4대 프레타포르테 쇼는 파리, 밀라노, 뉴욕, 런던에서 매년 두 차례 열린다. 1973년에 파리패션연합회가 결성되면서, 고급 기성복을 원하던 대중의 니즈와 더불어 프레타포르테가 본격적으로 개최되어 발전을 거듭해오고 있다. 파리의상조합에 의해 엄격히 제한되는 오트쿠튀르와 달리, 프레타포르테는 파리패션연합회가 총괄 진행하기는 하지만 세계 각국에서 자유롭게 열린다. 또 패션쇼 후 바이어들에게 비즈니스 코스를 제공하기 때문에 판로를 개척할 수 있어 많은 디자이너가 적극적으로 참여한다.

Do it!
yourself

근세시대와 관련된 다양한 요소를 찾아 창의적인 패션디자인으로 활용할 수 있는 지식을 구해보자 (예: 인체과장형 복식, 과도한 장식(러프, 슬래시, 마맬루크 슬리브, 레그 오브 머튼 슬리브 등).

다음 표 안 지시사항에 따라 창의적인 패션디자인을 전개해보자.

무드보드 제작(영감, 목표 설정, 콘셉트)

근세시대를 패션디자인으로 전개하기 위해 영감, 목표 설정과 콘셉트를 구체화하는 아이디어를 보드 안에 구성한다. 사진, 이미지, 콘셉트를 구현하기에 적절한 소재, 컬러 스와치 및 러프한 실루엣 등을 스케치하며 디자인 방향을 기획한다.

	아이디어 실행과 개선	
	아이디어 실행 1	아이디어 실행 2
근세 복식을 활용한 패션디자인	무드보드에 설정된 기획을 실행할 구체화된 아이템과 실루엣 구상	창의성 평가항목(롤로 메이, 토렌스 길포드)에 따라 디자인의 아이디어를 검증하고 보완

그림 2-50 근대 여성 복식

4) 근대 복식

19세기의 근대사회에서는 서양의 시민 복식이 정착되어 갔다. 18세기 말, 프랑스혁명과 함께 자본주의가 출현하면서 귀족을 추종하던 과거의 환상에서 벗어나 실용적 기능과 근대적인 의식에 부합하는 복식이 대중의 호응을 얻게 되었다(그림 2-50). 르네상스 이래로 가장 호화로웠던 복식에서, 혁명을 주도했던 부르주아의 이상적 사회에 잘 어울리는 복식으로 변화한 때이다. 근대 복식은 시대별 특징에 따라 엠파이어 스타일, 로맨틱 스타일과 아르누보 스타일로 분류된다.

(1) 근대 복식의 종류

근대 초기 복식

나폴레옹이 황위에 즉위(1804)하여 프랑스를 다스렸던 10년간을, 근대 초기인 엠파이어시대로 본다. 이 시기는 자유와 평등을 기본으로 한 시민사회로, 과도한 장식에 의한 화려함보다는 자연적인 모습을 중요시하였으며 고대 그리스풍을 이상적인 복식으로 여겼다. 과거 귀족 복식의 디자인 특징이었던 가는 허리, 부풀린 스커트 등은 사라지고 하이웨이스트 라인의 슬림한 스타일로 간소화되었다.

- **슈미즈 가운(Chemise gown)**   둥근 목둘레와 하이웨이스트, 직선적 실루엣의 드레스이다. 폭이 넓지 않은 스커트는 전 시대의 코르셋으로부터 여성을 해방시켰다. 목둘레는 가슴이 많이 파인 데콜타주에 러프 장식으로 하였다(그림 2-51). 이 가운은 허리선이 위로 올라가서 유방 아래에 위치하였다. 소매는 짧은 퍼프나 마멜루크 디자인이 특징이었다.
- **스펜서(Spencer)**   18세기 말부터 착용한 짧은 재킷으로 조지 존 스펜서(G. J. Spencer, 1758~1834) 백작의 이름에서 명칭이 비롯되었다. 엠파이어 시대의 겉옷으로 여밈은 오픈, 싱글이나 더블 등의 형식이었다(그림 2-52). 길이는 허리길이로 짧았다. 소매는 꼭 맞고 좁으며 손등까지 오는 현대적 감각의 의복이다. 앞단 끝을 둥글리거나 모피를 달았으며 칼라는 스탠딩 칼라, 숄칼라, 플랫 칼라 또는 안감을 뒤짚어 라펠 칼라의 형식을 취하기도 하였다.[†] 남녀 모두 착용하였으며 여성은 슈미즈 드레스 위에 착용하였다.
- **엠파이어 드레스(Empire dress)**   단순한 형태의 슈미즈 가운이 엠파이어 시대에는 장식적인

---

† 정흥숙(1997), Op, cit., p.290.

그림 2-51 슈미즈 가운

그림 2-52 스펜서

그림 2-53 엠파이어 드레스

그림 2-54 크리놀린 드레스

그림 2-55 드롭 숄더 드레스

그림 2-56 버사 칼라 드롭 숄더 드레스

그림 2-57 페렐린 칼라

로브의 형태로 변화되었다. 스커트 뒤에 트레인을 길게 달고, 깊게 파인 데콜테 네크라인을 따라 주름 칼라인 콜레트, 르네상스시대의 러프와 메디치 칼라 등을 달았고 스커트 폭이 넓어지면서 로브의 요소가 혼합되었다(그림 2-53).

근대 중기 복식

근대 중기는 프랑스 제국의 붕괴(1815)에서 프랑스 7월 혁명(1830)을 포함한 시기로 귀족풍의 양식인 로맨틱 스타일이 다시 두드러졌다. 이 시기에는 허리를 조이고 버팀대로 넓힌 스커트를 입는 등 근세 시대의 과도한 부피의 스커트가 부활하였다.

- **크리놀린 드레스(Crinoline dress)** 스커트의 부피를 늘리기 위해 버팀대인 크리놀린을 장치로 사용한 드레스이다(그림 2-54). 허리가 잘록하고 스커트가 넓게 퍼진 귀족풍의 복식이 다시 유행하였다.
- **드롭 숄더 드레스(Drop shoulder dress)** 넓은 어깨 폭과 어깨선이 내려온 드롭 숄더는 로맨틱 스타일의 특징이다. 또한 마맬루크 슬리브, 레그 오브 머튼 슬리브, 슬래시된 소매 등 근세 르네상스의 디자인을 혼합하여 스타일을 만들었다(그림 2-55).
- **버사 칼라 드레스(Bertha collar dress)** 일직선으로 어깨를 드러내고 여러 층의 레이스로 장식한 칼라이다(그림 2-56). 어깨의 장식으로 볼륨을 강조하고 허리를 가늘어 보이게 하여 로맨틱하다.
- **페렐린 칼라(Pelerine collar)** 드롭 숄더의 디자인을 강조하기 위한 어깨 장식의 넓은 칼라이다(그림 2-57). 어깨를 우아하게 장식하기 위한 것으로 칼라를 달거나 레이스를 사용하기도 하였다.

근대 말기 복식

근대 말기에는 현대라는 새로운 시대의 막이 열렸다. 화려한 과거의 복식과 현대화로 이행되는 과도기의 양식이 교차되는 시기로, 과거 화려한 귀족 복식의 장식적 복식이 버슬 스타일로 나타났으나 점차 아르누보의 간소화된 스타일로 변화하였다. 또한 여성의 사회 진출 등 사회적인 영향을 받아 실용적이며 간소화된 양식의 여성 복식이 출현하였다.

- **버슬 드레스(Bustle dress)** 코르셋으로 배는 납작하게 하고 힙은 뒤로 부풀리는 스타일의 드레스이다. 스커트에는 버슬이라는 패드를 넣어 힙을 돌출시키는 버팀대를 사용하였으며, 힙의 볼륨을 더욱 강조하는 힙 드레이프(Hip drape)는 과도한 주름, 러플과 레이스 등으로 장식되었다(그림 2-58).
- **아르누보(Art Nouveau) 스타일** 아르누보는 '새로운 예술'이라는 뜻으로 러플, 리본, 브레이드, 레이스와 꽃 등의 유기적 형태의 예술이다. 버슬 드레스의 과도한 스커트는 플레어 스커트 라인

그림 2-58 버슬 드레스　　　**그림 2-59** 투피스와 블라우스

으로 단순해졌고 한편으로는 가는 허리, 상체의 소매와 어깨의 장식이 두드러졌다.

- **투피스와 블라우스**　산업혁명 이후 여성의 사회 참여율과 지위가 상승하며 남성복의 디자인을
본딴 테일러드 슈트 차림(그림 2-59)의 슈트와 블라우스가 등장하였다. 이는 얼굴과 인접한 목
주위를 장식하는 디테일이 특징이었다. 인체의 곡선이 드러나는 실루엣을 가진 테일러드 슈트에
는, 남성적 요소와 블라우스의 장식이 들어가 실용적이며 여성미를 살려주었다.

(2) 근대 복식의 특징

클래식 로맨틱 스타일
근대 복식은 그리스 복식의 클래식함과 여성미를 강조하기 위한 로맨틱 스타일이 공존하였다. 엠
파이어 드레스의 단순한 실루엣에 더해진 러프나 콜레트 장식과 같은 구성에서 클래식과 로맨틱
요소의 공존을 발견할 수 있다.

실루엣의 다양성
옷 전체의 외곽선을 뜻하는 실루엣은, 시대를 보여주고 디자인 이미지를 효과적으로 표현하게 해
주는 디자인요소이다. 근대에는 엠파이어 드레스의 하이웨이스트 실루엣, 크리놀린 드레스의 X라
인 실루엣과 버슬 드레스의 S라인 실루엣 등 다양한 실루엣이 공존하였다.

크로스오버
근대에는 남성복의 아이템이 여성복에 도입되었다. 스펜서 재킷을 엠파이어 드레스 위에 입는 것이
나, 상하의가 분리된 투피스형 의복은 남성 복식의 요소에서 여성복의 요소로 차용되었다. 이질적
인 요소가 크로스오버되면서 새로운 형식이 도입되는 시기였다.

Do it!
yourself 근대시대와 관련된 다양한 요소를 찾아 창의적인 패션디자인으로 활용할 수 있는 지식을 구해보자 (예: 아르누보 예술, 여성복＋남성복, 르네상스＋그리스 버슬 드레스, 인체과장형 실루엣).

다음 표 안 지시사항에 따라 창의적인 패션디자인을 전개해보자.

무드보드 제작(영감, 목표 설정, 콘셉트)

근대시대를 패션디자인으로 전개하기 위해 영감, 목표 설정과 콘셉트를 구체화하는 아이디어를 보드 안에 구성한다. 사진, 이미지, 콘셉트를 구현하기에 적절한 소재, 컬러 스와치 및 러프한 실루엣 등을 스케치하며 디자인 방향을 기획한다.

	아이디어 실행과 개선	
	아이디어 실행 1	아이디어 실행 2
근대 복식을 활용한 패션디자인	무드보드에 설정된 기획을 실행할 구체화된 아이템과 실루엣 구상	창의성 평가항목(롤로 메이, 토렌스 길포드)에 따라 디자인의 아이디어를 검증하고 보완

5) 현대 복식

현대 복식은 전통 계급의 붕괴로 인한 사회 변화와 다양한 기술 발전의 영향으로 다양화되고 있으며 급진적으로 발전을 거듭하고 있다. 자유와 평등을 기본으로, 권력을 벗어난 실용성과 편안함을 통한 자연스러운 멋이 부각되며, 현대적 감성의 디자인이 나타난다. 또 사회와 문화, 예술 등의 영역이 복합적으로 융합되어 하나의 트렌드가 개별적으로 나타나기보다는 다양한 트렌드가 상호 영향을 주고받으며 제3의 트렌드를 형성하고 있다.[†] 패션의 하이브리드, 혼성, 퓨전, 크로스오버는 이처럼 다양한 양상이 혼재된 경향을 지칭하는 용어들이다. 이같이 현대 복식은 새로운 문화적 가치의 영향으로 의복에 대한 선호도와 가치를 변화시키고 있다.

(1) 여성 복식의 해방

1900년대에는 여성의 지위 향상과 더불어 페미니스트들에 의해 실용적이며 건강을 위한 이성주의 복식운동(Rational Dress Movement)이 일어났다. 여성이 더 이상 남성의 성적 대상과 경제적 소유물이 아니라는 인식으로 여성을 해방시키고 평등을 이루고자, 그간 인체를 구속하던 코르셋 대신에 편안하고 자연스러운 스타일이 유행하였다. 1920년대는 아르데코 예술의 영향으로 직선적인 실루엣의 복식, 보브커트와 크로쉐 모자가 상징적인 스타일로 유행하였다.

플래퍼 룩

플래퍼 룩(Flapper look)은 1920년대에 젊은 여성의 자유를 찾아 관습을 깨뜨렸던 혁신적인 여성 복식의 스타일이다. '소년 같은'이라는 뜻을 가진 이 룩은 '가르손느 룩(Garconne look)'으로 불리기도 했다(그림 2–60). 여성의 몸을 구속하던 장치인 과도한 코르셋이 아닌, 여성의 몸에 자유를 부여한 복식 유형으로 여성스러운 아름다움보다는 로 웨이스트, 납작한 가슴과 허리선이 드러나지 않는 직선적인 실루엣이 특징이다. 기능성, 효율성과 합리성을 추구하는 모더니즘의 영향이 반영된 복식이다.

리틀 블랙 드레스

1920년대에 등장한 리틀 블랙 드레스(Little black dress)는 슈미즈 스타일의 심플한 현대 여성의 기본 복식 중 하나로 여겨진다(그림 2–61). 가브리엘 샤넬이 가장 좋아했다고 하는 이 드레스는 장식을 배제하여 계급을 상징하던 의복에 변화를 주고, 기존에 상복으로 사용되었던 블랙 컬러를 여성복에 도입하여 패션디자인 역사에서 혁신적인 의복의 상징이 되었다.

---

† 권숙희, 신혜영, 이인성(2015), 알렉산더 왕의 스포티즘에 나타난 블랙패션의 상징성 연구, 한국패션디자인학회지, 15(3), pp.149–160.

그림 2-60 플래퍼 룩

그림 2-61 리틀 블랙 드레스

그림 2-62 블루머를 입고 자전거를 타는 여성

블루머

블루머(Bloomer)는 여성의 옷을 간소화하고 활동성을 부여하고자 외출복으로 만들어 입었던 최초의 여성용 바지였다(그림 2-62). 아멜리아 블루머(Amelia Bloomer)가 만들었기 때문에 그 이름을 따서 블루머라고 불린다. 넓은 바지통에 허리를 고무줄로 조이고, 길이는 무릎의 위와 아래 징도 오는 터키풍 바지였다. 논란이 많았던 이 블루머는, 자전거를 타기 위한 여성의 복식으로 받아들여졌다.

현대형 남성복은 영국을 중심으로 확립되었다. 기본적인 한 벌은 상의, 조끼, 바지였다. 상의는 길이가 힙 근처까지 왔으며 앞은 단추 두세 개로 여밈되었다. 하의는 상의와 맞추기 위해 판탈롱 바지를 입었다. 프록코트(frock coat)와 모닝코트(morning coat) 등도 이 시기에 확립되었다.

현대의 남성 복식

현대형 남성복

1920년대와 관련된 다양한 요소를 찾아 창의적인 패션디자인으로 활용할 수 있는 지식을 구해보자 (예: 슬리브 등).

다음 표 안 지시사항에 따라 창의적인 패션디자인을 전개해보자.

**Do it!
yourself**

무드보드 제작(영감, 목표 설정, 콘셉트)

1920년대를 패션디자인으로 전개하기 위해 영감, 목표 설정과 콘셉트를 구체화하는 아이디어를 보드 안에 구성한다. 사진, 이미지, 콘셉트를 구현하기에 적절한 소재, 컬러 스와치 및 러프한 실루엣 등을 스케치하며 디자인 방향을 기획한다.

	아이디어 실행과 개선	
	아이디어 실행 1	아이디어 실행 2
1920년대 복식을 활용한 패션디자인	무드보드에 설정된 기획을 실행할 구체화된 아이템과 실루엣 구상	창의성 평가항목(롤로 메이, 토렌스 길포드)에 따라 디자인의 아이디어를 검증하고 보완

그림 2-63 트렌치코트

그림 2-64 봄버 재킷

그림 2-65 군복의 디테일

(2) 전쟁과 복식

제1차 세계대전과 제2차 세계대전이라는 두 번의 전쟁으로 정치·사회·문화 전반에 새로운 패러다임이 생겨났다. 패션디자인에서는 기존에 없던 새로운 트렌드가 발생하는 계기가 된다.

트렌치코트

클래식한 아이템의 대표격이자 아이콘인 트렌치코트(Trench coat)는 전쟁 당시 장교의 외투였다 (그림 2-63). 제1차 세계대전 중 군인을 위해 개발된 이 코트는, 조밀한 조직의 트윌 코튼 개버딘 (Twill coat gabardine) 천에 방수 코팅을 하고 허리 벨트를 단 것으로 전쟁 후에도 유행하였다. 여기서 '트렌치'는 참호한다는 의미로 이 방수 코트는 남성 레인코트의 기본이 되었으며, 후에 여성들도 레인코트로 착용하게 되었다.[†] 그 후 버버리(Burberry)와 아쿠아스큐텀(Aquascutum)은 이 트렌치코트 생산업체의 리더로 군림하게 되었다. 더블 버튼 여밈, 넓은 라펠, 손목의 스트랩, 버튼식 주머니 등은 전통적인 트렌치코트의 특징으로 현대 복식에 다양하게 활용되고 있다.

피코트

피코트(Pea coat)는 영국 해군의 선원용 코트로 활용되던 것이다. 더블 브레스티드 구조에 길이가 짧고 큰 리퍼 칼라가 달려 있는데, 이는 칼라를 세워서 바람을 막기 위해 고안한 디자인이다.

봄버 재킷

봄버 재킷(Bomber jacket)은 1934년 제2차 세계대전 당시 미 공군의 비행사들이 입었던 겨울용 재킷이다(그림 2-64). 겉은 가죽이고 안감은 모피이며, 칼라를 세우고 벨트 두 줄을 매면 코까지

[†] 김민자(2011. 7. 15). 20세기 패션 히스토리. 네이버 캐스트 http://navercast.naver.com/contents.nhn?rid=135&contents_id=5813

그림 2-66 밀리터리 룩

그림 2-67 1930년대 여성 군복

그림 2-68 어깨가 각진 여성 재킷

덮여 보온성이 좋았다. 항공 점퍼라고도 불린다.

밀리터리 룩

군복과 관련된 아이템, 디테일(그림 2-65)과 실루엣이 반영된 '군대풍의 옷차림'이라는 뜻을 가진 밀리터리 룩(Military look)은 현대 패션에서 다양한 요소와 접목되었다(그림 2-66~67). 두 번의 세계대전으로 많은 여성들이 전쟁에 나간 남성들 대신 일자리를 채우면서 활동성과 실용성이 있는 군복을 입게 되었는데, 이것이 밀리터리 룩의 출현 계기가 되었다. 남성적인 삭신 어깨(그림 2-68), 과장된 어깨의 실루엣과 군복 특유의 카키 컬러, 위장 문양 및 금속 장식과 프린지 등의 세부 디테일은 밀리터리 룩을 대표하는 상징으로 활용되고 있다.

이 룩에서는 군복의 특징인 각이 진 어깨와 견장, 커다란 포켓, 라펠 등의 디테일이 활용되어 군인풍의 의상이 나타났다. 밀리터리 룩은 남성을 위주로 한 군복에서 추출된 디자인요소를 가지고 소재와 디테일을 변형하면서 현대 패션디자이너들의 창의적인 발상에 다양하게 응용되고 있다.

Do it! yourself

전쟁과 관련된 다양한 요소를 찾아 창의적인 패션디자인으로 활용할 수 있는 지식을 구해보자(예: 군복, 전쟁과 무기 등).

다음 표 안 지시사항에 따라 창의적인 패션디자인을 전개해보자.

무드보드 제작(영감, 목표 설정, 콘셉트)

전쟁과 관련된 지식을 패션디자인으로 전개하기 위해 영감, 목표 설정과 콘셉트를 구체화하는 아이디어를 보드 안에 구성한다. 사진, 이미지, 콘셉트를 구현하기에 적절한 소재, 컬러 스와치 및 러프한 실루엣 등을 스케치하며 디자인 방향을 기획한다.

	아이디어 실행과 개선	
	아이디어 실행 1	아이디어 실행 2
전쟁을 활용한 패션디자인	무드보드에 설정된 기획을 실행할 구체화된 아이템과 실루엣 구상	창의성 평가항목(롤로 메이, 토렌스 길포드)에 따라 디자인의 아이디어를 검증하고 보완

(3) 스포츠와 복식

본래 스포츠웨어는 스포츠를 위한 운동복을 지칭하는 것이지만 1920년대와 1930년대에 들어서는 여가 때나 스포츠 관람 시 착용하던 편안한 의복인 스웨터, 치마, 블라우스, 바지, 반바지 등을 포함하는 개념으로 변하였다. 제2차 세계대전 이후에는 평상복이나 출근복으로 착용했던 캐주얼웨어와 동의어로 정착되었다.[†] 1977년에는 '버지니아 슬림' 광고에 한 모델이 주홍색 양털로 만든 '지니 조거(Ginny Jogger)'라는 후드 톱과 바지를 입고 등장하였는데 이 멋진 피트니스 룩에 대한 카피로 "이 옷을 입고 운동하라, 아니면 무언가 보여줄 것처럼 앉아있어라(Play in it or just sit around looking smashing in it)"[†]라는 문구가 등장한다. 이는 스포츠웨어가 단순한 기능성을 넘어 패션아이템의 역할을 하고 있음을 의미한다.

스포티브 룩

스포티브 룩은 스포츠 활동을 위한 의복을 일반 의복에 패션화하여 반영한 것이다. 즉, 스포츠를 목적으로 하지 않는 패션에도 스포츠웨어의 요소를 도입하는 것을 지칭한다(그림 2-69). 스포츠는 21세기 전후로 현대인의 생활 전반에 대중화되면서 영향력이 증가함에 따라 패션트렌드와의 융합이 활발히 이루어지고 있다.[‡] 스포티브 룩은 1970년대 등장 이래 매 시즌 진화하는 메가 트렌드로 자리잡았다. 스포티브 룩은 스포츠를 위해 디자인된 다양한 운동복의 상징적 요소들이 일상복에 활용되어 패션화된 것으로, 스포티브 룩의 경향은 크게 다음과 같이 분류할 수 있다.

그림 2-69 스포티브 룩

- **스포츠웨어 아이템의 활용** 1920년대 이후 건강과 레저에 대한 대중의 관심이 높아지면서 스포츠가 대중화되기 시작하였다. 스포츠의 확산으로 스포츠웨어의 아이템을 활용한 패션디자인은 대중의 호응을 얻었다. 스포티브 룩에서는 블루종, 윈드브레이커, 스키복, 조깅 슈트, 테니스복, 다운 베스트, 다운 재킷, 아노락, 쇼츠, 미니스커트 등과 같은 스포츠웨어 아이템들을 활용한다. 〈그림 2-70〉은 야구 점퍼, 〈그림 2-71〉은 트랙팬츠, 〈그림 2-72〉는 스포츠 브라의 아이템을 응용한 디자인이다.
- **스포츠웨어의 구성요소 활용** 의복에 드로스트링, 벨크로, 장식선, 고무단, 시보리, 아웃포켓, 지퍼, 운동선수를 상징하는 선수 번호 등 운동과 관련된 다양한 구성요소를 활용한다(그림 2-73). 스포츠웨어에 사용되는 다양한 부자재와 상징적인 요소들을 통해 활동성과 편리성을

† Harper's Barzaar Korea(2014), 'Sportif in the City', p.210.
‡ 제르다 북스바움 지음, 남후남, 박현신, 금기숙 역(2009), 20세기 패션 아이콘, 서울: 미술문화, p.202.
‡ 권숙희, 신혜영, 이인성(2015), 알렉산더 왕의 스포티즘에 나타난 블랙패션의 상징성 연구, 한국패션디자인학회지, 15(3), pp.149-160.

그림 2-70 야구 점퍼의 활용

그림 2-71 트랙팬츠의 활용

그림 2-72 스포츠 브라의 활용

그림 2-73 운동복 상의 활용

그림 2-74 스포츠웨어의 퓨전화

그림 2-75 스포츠웨어 소재의 활용

주어 실용적인 패션디자인을 하는 것이다.

- **스포츠웨어의 소재 활용** 스포츠웨어의 소재를 믹스 앤 매치(Mix & match), 즉 방수, 방풍, 탄성 소재, 플라스틱, 비닐, 금속 등의 소재를 활용하여 디자인한다. 신축성과 착용감이 우수한 라이크라(Lycra), 땀과 습기를 막아주고 통풍에 우수한 고어텍스(Gore-tex), 물이 빨리 마르고 통풍에 우수한 쿨맥스(Coolmax) 등의 기능성 소재가 활용된다. 〈그림 2-75〉의 롱코트는 간절기의 바람막이로 사용하는 경량의 나일론 소재와 후드, 아웃포켓, 스트링 등의 스포츠웨어에서 활용하고 있는 구성요소가 접목된 패션디자인의 사례이다. 이처럼 심미적인 요소와 기능적인 요소를 조화시키는 스포티브 룩은, 창의적 패션디자인으로 활용된다.

패션의 퓨전화

현대 패션은 하나의 지배적 경향이 주류였던 과거와 달리, 하나의 트렌드가 지속되면서 또 다른 트렌드가 혼재하는 가운데 다양화되면서 복합적인 경향을 띤다. 스포티브 룩은 일상복을 스포츠와 관련된 요소로 재해석한 것으로 패션디자인의 퓨전화를 주도하고 있다. 스포츠웨어의 요소가 로맨틱한 무드의 스커트와 결합하고, 간결한 실루엣의 미니멀리즘과 결합한 스포츠웨어의 퓨전화 등도 있다. 〈그림 2-74〉와 같이 메탈릭한 광택의 소재를 활용하면 미래주의적인 요소의 스포티브 룩이 된다. 이처럼 스포츠웨어가 가진 활동적이고 흥미로운 디자인요소를 패션디자인으로 활용하면 다양한 룩을 연출할 수 있다.

Do it! yourself

스포츠와 관련된 다양한 요소를 찾아 창의적인 패션디자인으로 활용할 수 있는 지식을 구해보자 (예: 퓨전, 스포츠웨어, 스포츠, 올림픽, 운동선수).

다음 표 안 지시사항에 따라 창의적인 패션디자인을 전개해보자.

무드보드 제작(영감, 목표 설정, 콘셉트)

스포츠와 관련된 지식을 패션디자인으로 전개하기 위해 영감, 목표 설정과 콘셉트를 구체화하는 아이디어를 보드 안에 구성한다. 사진, 이미지, 콘셉트를 구현하기에 적절한 소재, 컬러 스와치 및 러프한 실루엣 등을 스케치하며 디자인 방향을 기획한다.

	아이디어 실행과 개선	
	아이디어 실행 1	아이디어 실행 2
스포츠를 활용한 패션디자인	무드보드에 설정된 기획을 실행할 구체화된 아이템과 실루엣 구상	창의성 평가항목(롤로 메이, 토렌스 길포드)에 따라 디자인의 아이디어를 검증하고 보완

(4) 하위문화와 복식

하위문화는 계급이나 성, 세대 등으로 구분되는 다양한 소집단들의 독특한 정체성을 반영한다.[†] 하위문화의 주체는 계급, 인종과 세대의 측면에서 사회적으로 소외된 소수 계층이다. 과거에는 패션을 주도하는 중심 계층이 귀족 중심으로 단일화 경향을 띠었다면 근대화 이후에는 시민혁명, 산업혁명 등의 영향으로 그 중심이 하위문화로 이동하면서 다양해졌다.

현대사회는 하위문화에 대한 관심이 커지는 가운데 고급문화와 대중문화 간의 경계가 와해되고 장르와 형식 간의 절충과 다원화를 지향하는 추세가 계속되고 있다. 패션디자인에서도 기존의 권위적이고 탈개성적인 스타일을 거부하고, 자유분방한 방식으로 새로운 미의식을 표현하고 있다. 다음은 1900년대 중반 이후, 전통적 인습의 붕괴로 나타난 대표적인 하위문화 패션에 관한 내용이다.

모즈 룩

1960년대 하위문화 패션 중 하나인 '모즈(Moz)'는 '모던즈(Moderns)'의 약자로 현대의 사상이나 취미가 새로운 사람을 가리킨다. 모즈는 런던의 카나비 스트리트를 중심으로 영국의 하류층 젊은이들이 소비의 주체가 되어 기존의 보수적인 질서에 반발하며 발생한 저항적 문화의 하나이다. 대표적인 스타일로는 몸에 꼭 끼는 재킷, 잘 다린 깔끔한 셔츠 등과 같이 비틀즈가 즐겨 입었던 슈트 룩이 있다(그림 2-76). 박스 형태의 미니드레스가 바로 대표적인 모즈 룩이다(그림 2-77).

미니스커트의 창시자인 패션디자이너 메리 퀀트는 1960년대에 젊은을 상징하는 옷을 디자인하여 세계적인 성공을 거두었다(그림 2-78).

그림 2-76 비틀즈의 모즈 룩

그림 2-77 모즈 룩 미니 드레스

그림 2-78 메리 퀀트의 미니스커트

© Peloponnesion Folklore Foundation

[†] 김영인(2006), 룩 패션을 보는 아홉가지 시선, 서울: 교문사, p.64.

펑크 룩

펑크(Punk) 룩은 1976년 런던 록밴드의 무대의상에서 시작되었다. 1970년대는 베트남 전쟁, 오일 쇼크와 인플레 등 경제 불황으로 인한 불안의 시기였다. 젊은이들은 전통과 기존의 관념을 거부하고 활동적이며 입기 편한 패션을 선호하였는데, 이러한 복식이 권위에 대한 저항의 표현이 되면서 활성화되기 시작하였다.

중고로 구입한 의류를 찢거나 단정하지 못하게 걸쳐 입고, 체인이나 안전핀 또는 스터드 등의 액세서리를 걸치고, 그물 소재의 셔츠를 입거나 저속한 메시지 또는 이미지가 그려진 재킷이나 티셔츠를 입고, 반짝이는 합성소재, 가죽이나 플라스틱 등으로 만든 의복을 입는 것 등이 펑크 룩의 대표적인 예이다(그림 2-79). 음악에서 시작된 펑크 룩은 일상적이지 않으며 아름답지 않다고 여겨졌던 복식에 대한 미적 기준을 변화시키면서 젊은이들을 열광시켰고 하나의 스타일로 자리매김하게 된다.

그림 2-79 펑크 룩

히피 룩

1970년대에는 경제 불황으로 기성세대에 대한 저항과 자연주의 등을 내세운 하위집단이 사회 전반에 큰 영향을 미쳤다. 1960년대 말부터 1970년대 초반을 풍미한 히피(Hippie) 룩은 자연으로의 회귀를 내세우며 집시풍의 스타일을 선보였다. 이 룩의 특징은 자수, 패치, 천연염색, 술 장식, 꽃무늬 프린트 등 자연주의적인 디테일을 디자인으로 활용했다는 것이다(그림 2-80). 히피룩은 물질문명의 고발, 인간성 회복, 진정한 자아 모색 등의 저항정신을 담았으며 획일적 패션을 거부하고 개성과 자유를 추구하였다.

그림 2-80 히피 룩

그런지 룩

그런지(Grunge)는 1960년대에 더러움을 표현하는 단어로 사용되기 시작하였다. 낡아 해지거나 오래되어 색이 빠진 듯한 의상에서 새로운 미적 가치를 발견하는 룩이었다. 1970년대 히피 룩과 유사한 남루한 분위기는 하류층을 연상시키는데, 중고시장에서 구입하여 너무 크거나 작고 낡아 보이는 것이 특징인 이 룩은 자유로움을 상징하는 요소가 되었다. 다양한 소재, 색상, 반대되거나 부조화되는 스타일을 레이어드하여 입는 것이 특징으로, 1990년대에 획기적인 스타일로 부상하였다.

스트리트 패션

스트리트 패션은 거리의 패션현상이 유행패션이 된 하위문화 현상 중 하나이다. 모즈, 펑크, 히피 등은 젊은이들의 문화코드가 패션에 반영되어 새로운 유행을 만든 스트리트 패션의 효시이다. 영국을 대표하는 디자이너 비비안 웨스트우드(Vivienne Westwood)는 1971년 킹스로드에 'Let it Rock'을 개점하고 주류문화에 도전하는 펑크 룩을 전파하여 디자이너로서 명성을 얻었다. 현대에는 매스미디어의 발달과 함께 젊은이들의 저항과 변화의 욕구를 담은 다양한 콘텐츠가 전파되면서 문화와 사상을 담은 스트리트 패션에서 디자이너들이 영감을 구하고 이것이 곧 패션트렌드가 되는 새로운 현상이 생겼다. 현대 복식은 과거의 전형적인 하위문화의 요소들을 차용하여 상업적이고 고급스러운 해석을 덧붙여 하이패션으로 재창조되고 있다.

'추'를 바라보는 새로운 시각

오늘날에는 과거 금기시되었던 관념인 '죽음', '추', '비천함', '악마적 공포성'을 상징하는 이미지나 개념들이 환상, 유희, 쾌, 팜므파탈이라는 새로운 미적 쾌감으로 재발견되면서 창의적 디자인의 영감이 되고 있다. 1960년대 바이커족의 펑크 스타일 액세서리로 등장한 해골이 대표적인 예이다.

2007년에 영국의 팝 아티스트 데미안 허스트(Damien Hirst, 1965~)는 〈신의 사랑을 위하여〉라는 다이아몬드로 된 해골 작품을 발표하며 그간 공포의 이미지였던 해골을 화려함, 환상

해골 이미지를 활용한 일러스트

성의 이미지로 재탄생시켰다. 패션디자이너 알렉산더 맥퀸(Alexander McQueen, 1969~2010)은 해골 이미지를 의복에 접목하였다.

이처럼 '추'에 대한 고정관념에서 벗어나 그동안 금기시되었거나 두려움의 존재였던 것을 예술이나 디자인에 활용하면, 낭만적 환상성 등 새로운 미의식을 수반하는 창의적인 디자인으로 승화시킬 수 있다.

하위문화와 관련된 다양한 요소를 찾아 창의적인 패션디자인으로 활용할 수 있는 지식을 구해보자 (예: 해부 이미지, 금기 이미지나 문구, 시대별 미의식과 패션).

Do it!
yourself 다음 표 안 지시사항에 따라 창의적인 패션디자인을 전개해보자.

무드보드 제작(영감, 목표 설정, 콘셉트)

하위문화와 관련된 지식을 패션디자인으로 전개하기 위해 영감, 목표 설정과 콘셉트를 구체화하는 아이디어를 보드 안에 구성한다. 사진, 이미지, 콘셉트를 구현하기에 적절한 소재, 컬러 스와치 및 러프한 실루엣 등을 스케치하며 디자인 방향을 기획한다.

아이디어 실행과 개선	
아이디어 실행 1	아이디어 실행 2
무드보드에 설정된 기획을 실행할 구체화된 아이템과 실루엣 구상	창의성 평가항목(롤로 메이, 토렌스 길포드)에 따라 디자인의 아이디어를 검증하고 보완
하위문화를 활용한 패션디자인	

(5) 성과 복식

과거 금기시되었던 성(Sex)에 대한 자유로운 표현은, 젊은이들의 취향이 반영되었던 1960년대 이후 패션에 본격적으로 나타났다. 전통적인 성에 대한 고정관념을 벗어나 남녀의 복식이 혼합된 성적 취향을 강조하거나 모호하게 하는 앤드로지너스 룩, 유니섹스 룩, 페티시 룩 등의 혼성은 패션 디자인의 퓨전화를 더욱 심화시켰다. 이처럼 성의 경계에 대한 새로운 발상으로 창의적 디자인을 실행할 수도 있다.

앤드로지너스 룩

앤드로지너스(Androgynous)는 남성(Andros)과 여성(Gynacea)의 합성어로, 남성성과 여성성의 공존을 의미한다. 남성복의 전유물이었던 바지를 여성복에 도입한 이브 생 로랑의 턱시도 슈트 '르 스모킹(Le smoking)'은 남성복을 여성복으로 활용한 앤드로지너스 룩의 예이다(그림 2-81). 즉, 앤드로지너스 룩은 남성복에 여성복의 요소를 차용하거나(그림 2-82), 여성복에 남성복의 요소를 차용하는 것이다. 이처럼 다른 성의 이미지를 가진 디자인요소의 차용을 통해 새로운 아이디어를 얻을 수 있다.

그림 2-81 이브 생 로랑의 르 스모킹, 1966 · **그림 2-82** 앤드로지너스 룩

유니섹스 룩

유니섹스(Unisex)는 남녀공용, 즉 남녀의 구분이 없는 룩으로 1960년대 미국에서 유행하였다(그림 2-83). 이는 여성해방운동이 사회 전반에 전개되면서 나타난 전통적인 성의 질서에 대한 새로운 도전이었다. 즉, 의복을 통해 성의 경계를 초월하고 공유하는 성의 혁명을 반영한 것이다. 일반적인 아이템으로는 블루진, 티셔츠, 캐주얼 재킷, 운동화 등이 있다.

그림 2-83 유니섹스 룩

페티시 룩

페티시(Fetish)의 어원은 포르투갈어의 '페이티소(Feitiço)'이며 '성적 도착현상'이라는 사전적 의미가 있다. 페티시 룩은 여성의 몸과 섹슈얼리티를 드러내는 스타일로 자주 등장하는 아이템은 코르셋, 브래지어, 가터벨트 등이다. 페티시 룩에서는 성을 상징하는 은밀히 감추어진 것을 드러내고자 살이 비치는 소재를 사용하거나, 속옷을 연상시키는 소재와 구성으로 의복을 디자인하기도 한다(그림 2-84). 금기시되던 성의 상징 이미지는 전통적인 성의 관습을 벗어나 관능적이며 감각적인, 새로운 정체성의 표현이 되었다.

그림 2-84 페티시 룩

Do it!
yourself
성과 관련된 다양한 요소를 찾아 창의적인 패션디자인으로 활용할 수 있는 지식을 구해보자.

다음 표 안 지시사항에 따라 창의적인 패션디자인을 전개해보자.

무드보드 제작(영감, 목표 설정, 콘셉트)

성과 관련된 지식을 패션디자인으로 전개하기 위해 영감, 목표 설정과 콘셉트를 구체화하는 아이디어를 보드 안에 구성한다. 사진, 이미지, 콘셉트를 구현하기에 적절한 소재, 컬러 스와치 및 러프한 실루엣 등을 스케치하며 디자인 방향을 기획한다.

	아이디어 실행과 개선	
	아이디어 실행 1	아이디어 실행 2
성을 활용한 패션디자인	무드보드에 설정된 기획을 실행할 구체화된 아이템과 실루엣 구상	창의성 평가항목(롤로 메이, 토렌스 길포드)에 따라 디자인의 아이디어를 검증하고 보완

그림 2-85 타국의 문화와 복식

(6) 이국적 문화와 복식

패션디자이너에게 이국적 문화는 창조적 디자인 생산의 원천이 된다. 이미 20세기 이전 서양에서 일본 취향의 '자포니즘(Japonism)'과 중국 취향의 '시누아즈리(Chinoiserie)' 같은 용어를 사용했을 만큼, 서양과 다른 문화의 아시아적인 요소에 대한 관심을 디자인에 도입하였다. 서구 패션에서는 아시아의 이미지를 유희적인 영감의 원천과 고갈된 아이디어의 원천으로 차용하였는데, 한국의 전통 복식도 타국의 디자이너들에게 영감의 원천이 되고 있다(그림 2-85). 따라서 문화 공존 시대인 오늘날에는 타국의 문화를 창의적 패션디자인의 발상을 위해 차용하여 아이디어를 구하는 것이 좋은 방법이다.

이국적 문화와 복식의 예

• **차이니즈 룩** 서구 패션의 관점에서 이국적인 요소로 활용되는 차이니즈 룩은 중국 전통 복식의 형태, 색, 문양 등에서 영감을 얻어 그것을 현대 패션에 적용한 것이다. 대표적인 중국의 여성복으로는 치파오가 있다. 치파오는 목에서 겨드랑이까지 사선 혹은 앞중심에서 서로 맞닿는 트임을 여미는 단추, 옆솔기의 트임, 차이니즈 칼라(만다린 칼라) 등으로 구성되어있다. 차이니즈 룩의 상징적 요소로는 산퉁 실크, 강한 색채대비, 자수 장식과 문양, 빨강과 황제를 상징하는 노랑 등이 대표적이다.

• **재패니즈 룩** 일본 전통 복식의 형태, 색과 문양 등의 요소를 활용한 의복을 재패니즈 룩이라고 한다. 현대 복식에서는 일본 전통복의 평면적인 구조, 비대칭의 여밈, 기모노 소매, 일본 전통 문양과 색채, 테일러링이 재패니즈 룩으로 활용되고 있다. 서양의 디자이너들은 일본 전통복의 디테일인 기모노, 오비, 전통 문양 등을 활용하여 재패니즈 룩을 디자인하였는데 반면 일본 디자이너들은 전통복의 구조적 형태 및 가치의 변용으로 비정형의 자유로움을 표현하는 데 디자인의 중점을 두었다.[†] 1970년대 중반, 일본 패션디자이너 다카다 겐조가 고안한 빅룩은 기모노를 기본 개념으로 하여 평면 구성으로 디자인한 것이었다. 이후 일본을 대표하는 패션디자이너 요지 야마모토(Yohji Yamamoto)와 레이 가와쿠보(Rei Kawakubo)가 일본의 전통 복식과 같이 같은 종류의 옷을 여러 개 겹쳐 입어서, 옷의 색상과 질감이 층을 이루는 일본 복식미학을 응용하면서 일본 디자이너들의 전성기를 만들기도 하였다. 이처럼 이국적인 문화, 타국의 전통문화와 양식은 패션디자인 창작의 영감이 된다.

---

† 김영인(2006), Ibid., p.123.

일본 아방가르드 패션디자이너 3인

요지 야마모토, 레이 가와쿠보, 이세이 미야케는 1980년대 일본을 대표하는 아방가르드 패션 디자이너 3인방으로 불리고 있다. 이들은 일본의 전통적인 복식미학을 서구적으로 재해석하는 가운데 창의적인 패션디자인을 선보이고 있다.

요지 야마모토

요지 야마모토(Yohji Yamamoto, 1943~)는 1981년 첫 파리 컬렉션에서 패션계에 큰 반향을 불러일으켰다. 그는 인체 중심의 서구 복식과는 달리 의복이 인체의 형태에 따른다는 일본 전통복의 미의식을 반영하는 의상을 선보였다. 검은색의 헐렁하고 거대한 의상들은 '포스트 히로시마 스타일(Post-Hiroshima Style)'이라고 명명될 만큼 인상적이었다.

요지 야마모토의 모습

레이 가와쿠보

레이 가와쿠보(Rei Kawakubo, 1942~)는 꼼데가르송(Comme Des Garçons)을 창시한 세계적인 일본 디자이너다. 그녀는 일본 전통 복식의 미학을 기반으로 실험적인 실루엣, 검은색, 레이어링, 그런지 룩 등의 해체적이며, 기존의 관습적인 평범함에 의문을 제기하며 실험적인 패션디자인을 하고 있다.

레이 가와쿠보의 작품

이세이 미야케

이세이 미야케(Issey Miyake, 1938~)는 '소재의 건축가'로 불리며, 한 장의 천으로 신체에 자유를 부여하는 세계적인 일본 디자이너이다. 재단과정에서 정 사이즈의 2~3배로 재단하고 봉제 완성 후에 주름을 잡는 방식으로 의복은 인체에 활력을 부여하는 기법인 플리츠는 1989년에 소개되었다. 이후

이세이 미야케의 '플리츠 플리즈' 매장

에는 기모노의 정신에 따라 신체와 의복 사이의 공간을 이용한 자연스러움과 자유를 추구하며 플리츠 기술을 완성시켰다. 1993년에는 '플리츠 플리즈 이세이 미야케(PLEATS PLEASE ISSEY MIYAK)' 컬렉션을 소개하였다. 가장 자기다운 것이 가장 세계적인 디자인이라는 것을 보여준 디자이너이다.

그림 2-86 중국 전통 문양 자수

그림 2-87 전통 문양과 현대 복식

그림 2-88 전통 복식요소와 현대 복식

이국적 문화와 복식의 특징

- **전통 복식의 상징 문양과 색상의 활용**　한국, 중국, 일본의 전통 복식은 원색적인 화려한 오방색, 오방간색과 길상을 상징하는 동물문과 식물 문양이 특징이다(그림 2-86~87). 문양은 직조, 자수, 프린트와 각종 나염 등으로 기술에 따라 다양하게 표현될 수 있는 요소이다.
- **전통 복식 구성의 활용**　전통 복식의 구성을 차용하면 창의적인 디자인을 발상할 수 있다(그림 2-88). 치파오의, 여밈, 슬릿, 칼라 등의 디테일, 한복 저고리의 고름, 기모노의 소매, 각종 매듭, 오비, 옷을 여러 번 겹쳐 입는 착장법 등 민속 복식의 의복 구성을 현대 복식에 차용할 수도 있다.

Do it! yourself

이국적 문화와 관련된 다양한 요소를 찾아 창의적인 패션디자인으로 활용할 수 있는 지식을 구해보자 (예: 전통 건축, 길상 문양, 전통 복식, 역사 등 타국의 전통 요소에 대한 지식을 구해보자).

다음 표 안 지시사항에 따라 창의적인 패션디자인을 전개해보자.

무드보드 제작(영감, 목표 설정, 콘셉트)

이국적 문화와 관련된 지식을 패션디자인으로 전개하기 위해 영감, 목표 설정과 콘셉트를 구체화하는 아이디어를 보드 안에 구성한다. 사진, 이미지, 콘셉트를 구현하기에 적절한 소재, 컬러 스와치 및 러프한 실루엣 등을 스케치하며 디자인 방향을 기획한다.

	아이디어 실행과 개선	
	아이디어 실행 1	아이디어 실행 2
이국적 문화를 활용한 패션디자인	무드보드에 설정된 기획을 실행할 구체화된 아이템과 실루엣 구상	창의성 평가항목(롤로 메이, 토렌스 길포드)에 따라 디자인의 아이디어를 검증하고 보완

(7) 첨단기술과 복식

1960년대에는 우주과학 시대가 열렸다. 인류가 최초로 달 착륙에 성공하는 등 우주 시대가 개막되면서 우주에 대한 관심이 각종 디자인에 반영되었다. 특히 패션에서는 미래사회에 적합한 복식이 제안되었으며, 이는 스페이스 패션(Space fashion)이라는 용어가 붙어 미래주의를 상징하는 환상적인 이미지로 그려졌다.[†] 1920년대부터 시작된 미래주의부터 1990년대의 테크노 룩, 사이버 룩까지 인류 생활의 혁명일

그림 2-89 첨단기술과 복식

뿐만 아니라 복식에서도 첨단기술이 담아내는 이미지나 기술을 직접 적용한 아이디어로 혁신적인 디자인을 선보이고 있다(그림 2-89). 이처럼 첨단기술 관련 역사, 기술, 업적과 관련 지식으로 발상을 하면 독창적인 패션디자인을 창작할 수 있다.

미래주의

1920년대 침체된 예술을 부흥시키고자 한 마리네티의 미래주의 선언 발표 이후, 예술 전반에 기계미와 역동성의 미래적 조형성을 작품에 도입하려는 경향이 나타나기 시작하였다. 패션에서는 화가인 자코모 발라(Giacomo Balla)가 이러한 도입을 시작하였다. 그는 강렬한 색채대비와 기하학적인 요소를 의복 구성에 반영하고, '의복이 인체의 기능적인 면에 국한된 것이 아니어서 도시의 속도와 같은 역동성을 표현할 수 있다'고 하였다. 미래적 개념을 창의적 패션디자인에 활용할 수 있다는 가능성을 제시한 것이다. 이처럼 다양한 방면의 기술을 활용한 미래 복식은 끊임없는 창조의 영감을 주고 있다.

스페이스 룩

1960년대 우주 시대 패션을 선도한 패션디자이너는 앙드레 쿠레주(André Courrèges)와 피에르 가르댕(Pierre Cardin)이다. 그들은 우주 시대를 연상시키는 미래적인 디자인을 선보이며 유행시켰는데, 대표적인 스타일인 간결한 기하학적 실루엣, 비닐 소재, 우주복을 상징하는 실버와 흰색은 실험적이고 전위적이었다. 또 신축성 있는 소재의 개발

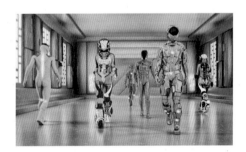

그림 2-90 우주 이미지를 반영한 복식

은 물론 인조가죽, 유리, 누빈 목면 등 소재에서도 과감하게 실험적인 시도를 하였다. 첨단기술과

[†] 심규희, 조규화(2007), 앙드레 쿠레주 디자인에 관한 연구-1960년대 디자인을 중심으로-, 패션비즈니스학회, 11(4), pp.52-68.

과학을 패션에 접목한 그 정신이 새로운 디자인을 창작하게 해준 것이다.

후세인 샬라얀(Hussein Chalayan, 1970~)은 패션에 과학기술과 신소재를 도입하여 패션의 영역을 확장시킨 현대 패션디자이너로, 가변형 기술을 도입하여 다양한 형태로 변형 가능한 의복을 고안하였다. 그는 "나는 건축, 과학, 혹은 자연과 같이 다른 문화적 맥락에서 신체의 역할을 고찰하여 이 접근방법을 의복에 어떻게 적용할 수 있는지 찾아내고 그 연구 결과를 의복으로 바꾸려는 시도를 한다"[†]라고 하였다. 오른쪽 그림은 커피 테이블의 구조와 형태가 스커트로 변경되는 기술을 적용한 디자인으로, 이와 같이 하이테크를 통해 인체 위에 역동성을 부여하는 혁신적인 패션디자인을 고안하였다.

후세인 샬라얀

후세인 샬라얀의 작품

3D 프린터와 패션디자인

1986년에 개발된 3D 프린터는 재봉틀로 의복을 만들고는 했던 전통적 의복 제작방법을 완전히 전복시켰다. 컴퓨터로 디자인하고 3D 프린터에 입력하면 재단과 재봉과정이 통합된 첨단기술로 의복이 생산되는 것이다(그림 2-91). 이러한 3D 프린터 기술은 의학, 예술, 제품디자인, 신발, 주얼리 등에 활발하게 적용되고 있다. 패션디자인에서는 상용화를 위한 연구가 계속되고 있어 앞으로의 가능성이 더욱 기대되는 기술이다.

그림 2-91 3D 프린터로 제작한 드레스

스마트 의류

스마트 의류란 의류에 부착된 센서들이 생체 신호를 감지하는 '디지털 의류'이다. 최근 스마트 기술을 복식에 응용한 스마트 의류가 인류의 삶을 변화시키고 있는데, 이는 기술도 패션이 될 수 있음을 보여준다. 미국의 조지아공과대학교에서 개발한 스마트 셔츠는 심장박동률, 체온과 호흡 등을 측정할 수 있으며 의학적인 목적을 위해 사용된다.

2017년에는 구글과 리바이스가 커뮤터 트러커 재킷(Commuter trucker jacket)이라는 '스마트 재킷'을 공동으로 개발하였다. 데님 소재의 재킷 내부에 스마트 기술이 탑재되어 스마트폰과 연동하면서 생체 신호와 관련된 여러 가지 정보를 사용자에게 알려주는 것이다. 이처럼 스마트 의류는 특정 기능을 수행하기 위해 의복에 적용되면서 인류에게 유용하게 사용되고 있다. 창의적인 패션디자인을 하려면 상상 속의 의복을 현실화할 수 있는 기술에 대한 지식과 아이디어가 필요하다.

[†] 나현신(2008), 후세인 샬라얀 작품에 나타난 하이테크 패션의 미적 특성, 한국의상디자인학회지, 10(2), pp.27-38.

Do it!
yourself

첨단기술과 관련된 다양한 요소를 찾아 창의적인 패션디자인으로 활용할 수 있는 지식을 구해보자 (예: 신기술, 웨어러블 디바이스, 센서와 패션디자인, 우주 시대).

다음 표 안 지시사항에 따라 창의적인 패션디자인을 전개해보자.

무드보드 제작(영감, 목표 설정, 콘셉트)

첨단기술과 관련된 지식을 패션디자인으로 전개하기 위해 영감, 목표 설정과 콘셉트를 구체화하는 아이디어를 보드 안에 구성한다. 사진, 이미지, 콘셉트를 구현하기에 적절한 소재, 컬러 스와치 및 러프한 실루엣 등을 스케치하며 디자인 방향을 기획한다.

아이디어 실행과 개선		
	아이디어 실행 1	아이디어 실행 2
첨단기술을 활용한 패션디자인	무드보드에 설정된 기획을 실행할 구체화된 아이템과 실루엣 구상	창의성 평가항목(롤로 메이, 토렌스 길포드)에 따라 디자인의 아이디어를 검증하고 보완

(8) 예술과 복식

동시대의 미의식을 반영하는 예술은 패션디자인에서 창의적인 영감의 원천이 되고 있다. 1965년 패션디자이너 이브 생 로랑(Yves Saint Laurent, 1936~2008)은 몬드리안(Mondriaan)의 회화에서 영감을 얻어 드레스를 디자인하였는데, 이는 예술을 패션디자인에 접목한 대표적인 사례로 꼽힌다. "옷을 디자인하는 것은 예술이다"라고 하면서 초현실주의 작품의 조형 원리를 패션에 접목한 디자이너 엘사 스키아 파렐리(Elsa Schiaparelli, 1890~1973)도 유명하다.

신조형주의

신조형주의(Neoplasticism)는 일체의 구상성을 버리고 오직 수직, 수평 방향의 선과 면으로 화면을 구성하는 조형적 특성을 지닌 예술사조이다. 1965년에 패션디자이너 이브 생 로랑은 직선 분할에 의한 작품의 구도와 삼원색을 활용한 몬드리안의 작품에서 영감을 얻어 H라인 실루엣의 미니원피스에 적용하였다 이는 몬드리안 룩으로 명명되며 예술이 패션에 활발하게 접목되는 발판이 되었다(그림 2-92).

아르데코

아르데코(Art Deco)는 1925년 파리에서 개최된 '장식미술 박람회'를 기점으로 한 대표적인 예술사조이다. 조형적인 특성은 불필요한 장식을 배제한 단순하고 기하학적인 직선이다. 아르데코 예술의 조형성은 직선적인 실루엣, 기하학적인 모티프와 명료한 색상 등으로 패션디자인에 표현되었다(그림 2-93).

팝아트

대중예술을 의미하는 팝아트(Pop art)는 1960년대 뉴욕을 중심으로 일어난 예술사조이다. 전통적인 예술의 개념과 기법을 거부하고 매스미디어의 이미지를 주제로 반예술[†]의 성격을 지향한다. 대량 생산되는 값싼 제품, 대중적인 이미지, 상표 등의 문화를 상징적으로 접목시킨다. 패션에서는 팝아트에 표현되는 유머와 해학을 담아낸 이미지나 오브제를 활용한 디자인이 시도되었다(그림 2-94).

초현실주의

초현실주의(Surrealism)는 1917년에 시인 기용 아폴리네르가 만든 20세기의 문학과 예술사조이다. 프로이트 정신 분석의 영향을 받아, 무의식의 세계와 꿈의 세계의 표현을 지향한다. 이성적인 사고에서 벗어나기 위한 초현실주의 기법으로는 자동기술법(Automatism), 콜라주(Collage), 프로타주

[†] 마르셀 뒤샹이 최초로 내놓은 반예술 개념이다. 1916년 남성용 소변기에 〈샘(Fountain)〉이라는 제목을 붙여 작품으로 출품한 이후, 새로운 관점의 예술이 시작되었다. 전통적인 예술의 개념을 전복시켜 기존에 예술로 여겨지지 않던 것들을 예술의 범주에 들여놓아 기존의 사조에 도전하는 새로운 경향이다.

그림 2-92 신조형주의 패션   **그림 2-93** 아르데코 패션   **그림 2-94** 팝아트 패션   **그림 2-95** 포스트모더니즘 패션

(Forttage), 데페이즈망(Depaysement)과 트롱푀이유(Trompe l'oeil) 등이 있다. 패션디자인에 활용되는 초현실주의 기법은 전통적 의복 구성의 전환과 전치, 형태의 변형으로 인한 왜곡, 눈속임 기법으로 시대를 초월한 독창적인 아이디어를 제시하여[†] 창의적이고 차별화된 디자인의 발상에 활용된다.

포스트모더니즘

포스트모더니즘(Post modernism)은 20세기 후반 이후, 모더니즘의 한계를 극복하기 위한 대안으로 나타난 예술 분야 전반의 시대정신을 반영하는 사조이다. 이는 모더니즘의 순수성과 논리적인 개념을 해체하고 새로운 개념을 찾으려는 시도로 나타났다. 패션디자인에 반영된 포스트모더니즘의 정신은 기존의 패션디자인에 적용되었던 규범을 뒤집는 반패션으로서의 전위성, 과거의 스타일을 부활시켜 새롭게 발전시키는 복고성이다. 그리고 민속 복식의 요소, 남녀의 구분이 모호한 요소, 동서양의 문화와 같이 이질적이고 모호한 요소들이 의복에 혼용되는 컨버전스, 융합 등의 혼성적인 양상으로 패션디자인 발상에 적용되었다(그림 2-95).

---

† 윤경희, 김정실, 오순(2015), 초현실주의 작품을 통한 패션디자인 연구, 한국디자인 트렌드학회, 48, pp.367-376.

Do it!
yourself

예술과 관련된 다양한 요소를 찾아 창의적인 패션디자인으로 활용할 수 있는 지식을 구해보자 (예: 예술사조, 작가와 작품, 예술과 패션디자이너, 폴 푸아레, 스키아파렐리).

다음 표 안 지시사항에 따라 창의적인 패션디자인을 전개해보자.

Do it! yourself

무드보드 제작(영감, 목표 설정, 콘셉트)

예술과 관련된 지식을 패션디자인으로 전개하기 위해 영감, 목표 설정과 콘셉트를 구체화하는 아이디어를 보드 안에 구성한다. 사진, 이미지, 콘셉트를 구현하기에 적절한 소재, 컬러 스와치 및 러프한 실루엣 등을 스케치 하며 디자인 방향을 기획한다.

아이디어 실행과 개신	
아이디어 실행 1	아이디어 실행 2
무드보드에 설정된 기획을 실행할 구체화된 아이템과 실루엣 구상	창의성 평가항목(롤로 메이, 토렌스 길포드)에 따라 디자인의 아이디어를 검증하고 보완

예술을
활용한
패션디자인

(9) 자연과 복식

패션에서 자연주의(Naturalism)는 자연물에서 창조의 아이디어를 얻고자 하는 경향을 의미한다. 인간은 창조의 무한한 원천인 자연에서 영감을 구한다. 과학문명의 발달로 발생한 오늘날의 물질문명에서는 자연과 인간이 분리되어 환경오염, 인간소외 등의 부작용이 발생하고 있는데, 생태계 보호의 윤리관에서 기초한 지속가능한 패션디자인 등과 같이 자연을 다양한 관점으로 이해하면 창의적인 패션디자인에 활용할 수 있을 것이다.

에콜로지 룩

에콜로지(Ecology) 룩은 자연에 동화되려는 태도 및 사고방식을 기반으로 하여 천연소재를 가지고 친환경을 추구하는 경향의 패션이다. 풀, 꽃이나 나무 등의 자연에서 영감을 얻어 조형성을 표현하거나 내추럴한 색상을 사용하고 천연소재, 천연염색의 핸드메이드나 자연스러운 주름 등으로 인간과 자연의 조화로움을 지향한다(그림 2-96).

프리미티브 룩

프리미티브(Primitive)는 원시적이란 의미이다. 문명의 발달은 인간의 소외와 상실감을 발생시켜 현대인들에게 과거로 회귀하고자 하는 욕구를 증폭시키고 있다. 디자이너들은 현대인들이 동경하게 된 원시적인 요소를 현대적으로 재해석하여 현대 패션디자인의 창의적 발상으로 활용하고 있다. 대부분 의복에 원시적인 것을 모방한 민속적인 문양, 애니멀 프린트, 가죽, 퍼 등을 접목하여 창작된다(그림 2-97).

업사이클링 패션

업사이클링(Upcycling)은 '개선하다, 높인다'와 재활용의 뜻이 합성된 용어이다. 버려지는 물건을 재활용해 새로운 가치를 갖는 제품으로 만드는 것을 의미한다. 2000년 이후 급속도록 발달한 패스

그림 2-96 에콜로지 룩

그림 2-97 프리미티비 룩

그림 2-98 폐종이를 활용한 업사이클링 드레스

트 패션으로 버려지는 의류의 양이 증가하면서 환경오염과 자원 낭비가 심각해지고 있다. 이에 따라 국내외 패션디자이너들은 버려지는 옷, 종이, 현수막, 폐플라스틱 등을 업사이클링 디자인의 소재로 사용하고 있다(그림 2–98).

패션디자이너들은 버려지는 물건에 새로운 가치와 미학적 아름다움을 더하는 제품을 만들어내고 있다. 패션디자이너 마틴 마르지엘라는 아티저널 컬렉션(Artisanal collection)에서 버려진 일상용품과 빈티지 의류, 이전 컬렉션 의상을 소재로 하여 해체와 재생을 통해 새로운 가치를 창조하는[†] 전위적인 패션을 선보였다.

자연과 관련된 다양한 요소를 찾아 창의적인 패션디자인으로 활용할 수 있는 지식을 구해보자 (예: 원시시대, 신화의 동식물, 민속적 문양, 바다, 바다의 동식물).

Do it! yourself

[†] 전유민, 배정민(2015), 마틴 마르지엘라의 패션에 내재된 생태학적 관점에서의 지속가능한 디자인의 접근적 해석, 기초조형학연구 16(6), pp.495–510.

Do it!
yourself
다음 표 안 지시사항에 따라 창의적인 패션디자인을 전개해보자.

무드보드 제작(영감, 목표 설정, 콘셉트)

자연과 관련된 지식을 패션디자인으로 전개하기 위해 영감, 목표 설정과 콘셉트를 구체화하는 아이디어를 보드 안에 구성한다.
사진, 이미지, 콘셉트를 구현하기에 적절한 소재, 컬러 스와치 및 러프한 실루엣 등을 스케치하며 디자인 방향을 기획한다.

아이디어 실행과 개선		
	아이디어 실행 1	아이디어 실행 2
자연을 활용한 패션디자인	무드보드에 설정된 기획을 실행할 구체화된 아이템과 실루엣 구상	창의성 평가항목(롤로 메이, 토렌스 길포드)에 따라 디자인의 아이디어를 검증하고 보완

Do it
Fashion

시장 & 소비자 조사 분석	트렌드 분석	상품 기획	생산	영업	경영
시장 조사와 분석	패션트렌드 리서치	상품 콘셉트와 무드 설정	생산 방식의 결정	유통망 결정	소요 비용 관리
타깃 소비자 분석	패션트렌드의 종류 세분화	브랜드 정체성 부여	생산 공정 설계		예상 수익 예측
타깃 시장에 최적화된 상품의 기획	패션소비자의 유형별 분류	상품 구성 범위의 계획과 폭 결정	원단과 부자재 구입		자금 조달
		가격 결정	패턴 및 샘플 제작		가격 전략 수립
		상품 라인업 계획 결정	수정		

홍보와 마케팅

- 소비자 구매 성향 조사
- 바이어 구매 행동 패턴 조사
- 홍보 자료 제작

- 메인 상품 생산
- 출고

패션상품 기획과 브랜딩 프로세스

OVERVIEW

앞선 Chapter I과 II에서는 패션디자이너가 되기 위한 기술적이고 이론적인 배경에 대해 공부했다. 이 장에서는 여러분이 자신의 브랜드를 런칭하거나 회사의 디자이너로 근무하게 됐을 때 필요한 브랜딩과 마케팅, 실무에 관련된 내용들을 다루도록 한다.

왼쪽 그림은 이 장에서 다루게 될 상품의 기획과 브랜딩의 전 과정을 순서대로 정리한 것이다. 표의 내용을 살펴본 후 이 장을 읽어 내려가면 내용을 보다 수월하게 이해할 수 있을 것이다.

1 시장 및 소비자 조사 분석

상품 기획 프로세스의 첫 번째 단계는 무엇일까? 상품의 디자인이 먼저일까, 아니면 시장의 조사와 분석이 먼저일까? 아마 둘 중 어느 한 가지 방법이 맞고 틀리고의 문제는 아닐 것이다. 문제는 얼마나 효율적으로 상품 기획이 가능하게 할 수 있는지에 대해 둘 중 한 가지 방법을 선택한다는 것이다. 상품의 디자인을 먼저 진행한다면 굉장히 빠르게 상품 기획이 진행된다고 느껴질 수도 있다. 하지만 뒤이어 상품을 출시하고자 하는 시장과 소비자층의 특징, 소비성향 등을 파악해서 상품의 출시를 위한 최상의 조건을 만드는 작업을 진행하다 보면 일의 진행이 오히려 더딜 수도 있다. 최악의 경우에는 초기에 기획한 대부분의 디자인을 다시 기획해야 하는 상황이 생길 수도 있다. 철저한 시장 조사를 거치지 않은 상품 기획은 기초 공사가 착실하게 이루어지지 않은 땅 위에 건물을 지어 올리는 것과 같다. 성공적인 상품의 기획이 이루어지려면 냉철하고 지극히 계산적인 시각을 유지해야 한다. 철저한 시장의 조사와 분석을 거친 상품 기획이라 하더라도 실패하는 경우는 굉장히 많다. 그렇다고 해서 조사와 분석에 의미가 있겠냐고 물어보는 이가 있다면 이렇게 답해주고 싶다. "확률의 싸움이라고". 단 1%의 성공 확률이라도 높일 수 있다면 실행해야 한다. 작은 차이가 상품 기획의 완성도의 차이를 가져오기 때문이다.

상품 기획에 앞서 소비자에 대한 분석을 포함하는 시장 조사를 먼저 철저하게 진행한다면 기획의 성공률을 높여주는 것과 더불어 기획자가 자신의 기획에 대한 확신을 가지고 일을 진행할 수 있게 된다. 상품 기획을 하다 보면, 오전에 확신이 들어 결정한 일이었는데 오후에 다시 검토하니 망설여지는 경우도 있다. 자신의 선택이 잘못될 수 있다는 두려움 때문에 갈팡질팡하다가 오히려 더 좋지 않은 선택을 하는 경우도 일어난다. 따라서 시장과 소비자에 대해 충실히 조사한 후 기획을 진행한다면 자신의 선택에 확신과 자신감을 부여하게 된다. 이는 잘못된 판단으로 인한 상품 기획의 시행착오를 줄여주므로 결과적으로는 비용 면이나 시간 면에서 가장 빠르고 효율적으로 상품 기획을 할 수 있게 된다.

1) 시장 조사와 분석

시장 조사와 분석은 단어의 뜻 그대로 상품의 출시가 이루어지는 시장에 대한 다각도의 조사를 진행하고 이를 토대로 나타난 결과들을 분석해서 최상의 결과를 얻을 수 있는 상품의 기획이 가능하게 하는, 상품 기획 프로세스의 첫 번째 단계이다. 이 과정은 경제적인 측면에서도, 효율적인 재정 계획과 운용에 있어서도 매우 중요한 부분을 담당한다. 패션업계에서는 정확도가 높은 상품 기획의 가능성을 '적중률'이라는 말로 표현하기도 하는데, 해당 제품의 적중률을 높이기 위해 시장의 조사와 분석은 필수적이다. 시장의 조사와 분석이 철저할수록 상품 기획과 브랜딩의 초기에 드는 막대한 비용을 줄일 수 있고 장기적으로 보면 굉장한 재정적 여유를 가져올 수 있다.

그림 3-1 헬싱키 디자인포럼 '프레쉬 & 패션!'의 매장(2012)

　　신규 브랜드나 신인 디자이너가 브랜드를 처음 런칭할 때 소요되는 비용은 상당하다. 초기 자금이 넉넉해서 걱정이 없다면 다행이지만, 그렇지 않다면 굳이 불필요한 지출을 감당할 필요가 없다. 조사와 분석이 정교할수록 소요 비용도 내려간다. 조사에는 다양한 범주가 존재한다. 예를 들어 소비자에 대한 조사를 해야 한다면 보통 직접 설문조사를 진행하거나 구매행동을 관찰하기도 하고, 관련 전문기관의 보고서와 패션잡지 등의 언론매체, 학술논문 등을 이용하기도 한다. 어떠한 범주 내에서 조사할지는 어떤 상품을 기획하느냐에 따라 달라진다. 소비자를 대상으로 하는 직접적인 설문조사가 활용도가 높은 편이지만, 전문 보고서나 언론매체, 학술논문 등도 소비자에 대한 설문조사를 포함해서 전문적인 이론이나 주장을 적용시켜 분석한 결과를 정리한 것들이 대부분이기 때문에 자신에게 활용도가 높다고 판단되는 것을 선별해서 이용하면 된다.

　　대부분의 패션회사들은 자신들이 직접 조사를 진행하기보다 전문 조사기관에 의뢰를 하거나 매 시즌 진문기관에서 개최하는 설명회 등에 참석해서 정보를 얻는다. 이들을 활용하면 비용은 당연히 증가하겠지만, 시간 절약을 포함해서 상품 기획에 역량을 더 집중할 수 있기 때문에 결과적으로는 더 이익일 수 있다.

2) 타깃 소비자 분석

우리는 상품이라는 개념에 대해, 보다 명확하게 인지할 필요가 있다. 상품은 오로지 한 가지 목적을 위해 존재한다. '이익 창출'이 바로 그것이다. 상품은 판매되지 않으면 존재의 이유 자체가 없다. 많이 팔리고 많은 이익을 창출할 수 있게 하는 것이 상품의 존재 이유다. 그렇다면 상품을 잘 팔리게 하는 방법은 무엇이 있을까? 간단하다. 상품이 소비되는 시장과 시장에 존재하는 소비자가 필요로 하는 상품을 정확하게 알아내어 만들면 되는 것이다. 거기에 합리적인 가격을 더해 시장에 내놓는다면 팔리지 않을 이유가 있을까? 정확하게 그들의 요구가 반영된 상품이 기획될 수 있다면 100% 판매도 불가능하지 않다. 하지만 안타깝게도 이 같은 경우는 대단히 이상적이고, 현실성이 결여된, 현실에서는 불가능에 가까운 가정이다. 아니 단언컨데 불가능하다. 이처럼 완벽한 상품의 기획이 가능했다면 모두 부자가 됐을 것이다. 하지만 100%에 근접하게 확률을 끌어올리는 것은 가능하다. 그게 60%에서 멈출지 70%에서 멈출지는 잘 모르지만, 어쨌든 확률은 높일 수 있다. 어떻게? 앞에서도 언급했지만 타깃 시장과 소비자에 대한 조사와 분석이 철저하게 이루어진다면 가능하다. 상품 기획은 확률의 싸움이다. 적중률을 높이기 위해서는 가장 먼저 시장에 대한 이해가 이루어져야 한다. 시장을 이루고 있는 소비자에 대한 이해도 포함해서 말이다.

주변에 회사의 소속으로 상품을 기획하거나 자신의 브랜드를 가지고 운영하는 지인들이 많이 있다. 그런데 가만히 보다 보면 자기 브랜드의 콘셉트와 전혀 다른 스타일을 하고 있거나 심지어 자신의 브랜드 상품을 한 번도 입고 다니지 않는 경우를 볼 수 있다. 그리고 자신은 절대 옷을 구매할 때 지불하지 않을 법한 금액으로 가격을 책정해서 시장에 출시하는 경우도 있다. 얼마나 난센스인가? 본인 스스로도 구매하지 않을 디자인이나 가격대의 상품을 기획하고 소비자에게 구매하라고 하는 자체가……. 이쯤에서 경험했던 재미있는 일을 하나 소개하고자 한다. 예전에 회사에 있을 때 함께 근무했던 선배가 있다. 직급이 꽤 높고 연봉도 높았는데 우리가 소위 이야기하는 명품 브랜드를 잘 입지 않았고 항상 우리 브랜드 옷을 입고 다녔다. 남성복 브랜드였고 물론 그 선배도 남자였기 때문에 가능한 일이었다. 그런데 한번은 저녁식사 자리에서 물어본 적이 있다. '옷을 사는 데 크게 돈을 안 들이시는 것 같고, 또 우리 브랜드 옷만 입는데 특별한 이유가 있는지' 하고 말이다. 그랬더니 나에게 '스타일리스트와 디자이너와의 차이'를 아느냐고 되물었다. 별다른 설명은 해주지 않았지만 내게 필요한 무엇인가를 느끼기에는 충분한 대답이었다. 여러분들은 어떠한가? 여러분 중 어떤 의도로 이 이야기가 나왔는지 느끼는 사람이 있다면 정말 큰 공부를 한 것이다. 절대 스타일리스트를 폄하하려는 것이 아니다. 다만, 가는 길이 완전히 다른 두 분야라는 이야기를 하고 싶다. 이 책을 읽는 여러분은 상품 기획자가 되기 위한 준비를 하고 있다. 스타일리스트가 되려면 다른 접근 방법이 필요하다.

모든 상품 기획자들 중에서 조사와 분석의 중요성을 모르는 사람들은 한 명도 없을 것이다. 하지만 의외로 많은 상품 기획자들이 조사와 분석에 많은 시간을 들이지 않는다. 시간에 쫓기거나 재정적인 부담 때문에 어쩔 수 없다면 충분히 이해한다. 그런데 굳이 그럴 필요가 없는 분류의 사람들이 있다. 바로 남의 것을 그대로 모방하는 사람들이다. 남들이 힘들게 기획한 상품을 아무런 노력의 대가 없이 가져오는 행위, 분명히 잘못된 행동이다. 이들에게는 조사와 분석에 들어가는 시간은 불필요한 시간 낭비로 느껴질지 모르겠다. 그런데 안타까운 점은 판매율에 지나치게 집착하다 보면 이러한 유혹에 쉽게 빠져들 수 있다는 것이다. 패션상품은 판매할 수 있는 기간이 극도로 제한적이다. 제때 팔지 못하면 그대로 재고가 되어 창고에 쌓이고 시간이 더 흐르면 아무리 싸게 팔아도 팔리지 않는 경우도 많다. 그래서 급한 마음에 남들이 힘들게 기획한 상품을 그대로 모방하는 것이다. 심정적으로는 이해하지만 이런 일이 반복되면 제대로 된 기획을 하는 기획자의 숫자는 점점 줄 것이고, 결국에는 모방한 사람의 상품을 다시 모방하고 그 모방한 상품을 또다시 모방하는 상황에 이를 수 있다.

모방하지는 않더라도 시장이나 소비자에 대한 조사와 분석을 하지 않는 기획자들의 특징은, 막연하게 소비자들의 특징이나 소비성향 등을 추측한다는 것이다. 텔레비전이나 인터넷에서 떠도는 막연한 정보를 검증도 없이 믿어버리고, 거리를 지나는 사람들을 스쳐지나가며 순간순간 드는 평소 본인이 좋아하는 브랜드가 있다면 그 브랜드의 상품을 구매하는 소비자들에 관해 프로파일링해보자. 그들의 직업과 연소득, 주거지역과 같은 인구통계학적 분류부터 쇼핑하는 장소, 유행 민감도, 브랜드 충성도 등과 같은 소비성향, 그리고 선호하는 디자이너, 문화적(음악, 미술)적 선호도 같은 취향의 분야까지 가능한 한 자세하게 말이다.

**Do it!
yourself**

그림 3-2 패션잡지 〈나일론〉과 〈플레어 & 패션〉

생각을 트렌드라고 단정 지어버리고 그게 소비자들이 원하는 것이라고 믿어버리는 것이다. 소비자의 기호에 맞는 최적화된 상품을 개발하기 위해서는 그들의 특징과 유형을 객관적인 사실에 근거하여 정확하게 알아야 한다.

소비자의 라이프스타일, 소비성향, 해당 소비자군의 취향을 파악하고 그들이 필요로 하는 것이 무엇인지 가능한 정확하게 파악하고 있어야 한다. 백화점이나 쇼핑몰 등에서 상품을 구매하는 소비자들을 유심히 관찰해보자. 어떠한 상품을 살펴보는지, 그리고 어떻게 비교하며 마지막에 어떤 상품을 구매하는지 관찰하다 보면 소비자의 소비 패턴을 자세하게 알아낼 수 있다. 그래서 패션회사에서는 영업부서의 역할이 굉장히 중요하다. 그들은 판매 일선에서 소비자들을 직접 상대하는 판매사원들과 함께 일하며 소비자들의 요구를 파악하는 일을 하기 때문이다. 실제 상품 기획 단계에서도 이들의 의견은 비중 있게 반영된다. 기획 단계에서는 출시 예정의 샘플상품을 가지고 품평회를 거치는데, 이때 판매 영업사원도 함께 참여해서 의견을 피력하고 반영한다. 아마 이 책을 읽는 여러분은 대부분 대학에서 공부하는 학생의 입장일 것이고, 이러한 정보를 얻는 것은 여러분의 입장에서는 매우 어려운 일이다. 그래서 나는 직접 상품을 판매하는 리테일 매장에서 단기라도 좋으니 일을 해보기를 추천한다. 소비자들의 소비성향을 직접 관찰할 기회가 있다면 이보다 더 좋은 소비자 조사는 없을 것이다. 그렇게 하면 소비자의 구매습관, 원하는 상품, 구매 후보 리스트에 올릴 만한 상품의 기획을 위한 최적의 방법은 어떤 것인지 감이 잡힐 것이다. 그리고 영업사원들과 많은 대화를 나누면서 패션업계에서 전반적으로 일어나는 일에 대한 이해도를 높일 수도 있을 것이다.

3) 타깃 시장에 최적화된 상품의 기획

소비자에 대해 조사하다 보면 그들이 가진 소비를 위한 일정한 패턴이 보일 것이다. 비슷한 패턴을 가진 소비자들의 그룹, 그 그룹이 바로 타깃 시장이다. 시장에 진출해 있는 브랜드들은 굉장히 많다. 혹시 경쟁 브랜드가 하나도 없다면 이보다 더한 행운은 없다. 하지만 그럴 확률은 아마 0.00001%도 안 될 것이다. 브랜드들을 살펴보면 지속적인 성장세를 달리는 경우도 있을 것이며, 고전을 면치 못하고 있는 경우도 있을 것이고, 혹은 이미 사라져 버린 경우도 있을 것이다. 이제 막 시장에 진출하려고 준비하고 있는 브랜드도 있을 것이다. 그렇다면 내가 기획한 상품이 그들과 비교해서 우위를 점할 수 있는 것은 무엇일까? 내가 진행하는 상품 기획이 시장에서 성공적이지 못한 브랜드와 유사할까? 그렇다면 그 이유는 무엇일까? 그들과 비교했을 때 경쟁력이 떨어지는 점은 없을까? 있다면 무엇이고 왜 그런 것일까?

우리는 제일 먼저 소비자 조사와 분석을 통해 그들이 원하는 것이 무엇인지 파악했다. 그렇다면 이제, 그들의 요구에 부합하는 최적의 상품을 기획해야 하는 단계에 도달한 것이다. 시장의 선도자가 아니라면 경쟁 브랜드가 기획한 상품들과 비교·분석하며 내가 기획한 상품의 경쟁력을 확인해야 한다. 스스로 생각할 때 내가 기획한 상품이 굉장한 아이디어 상품처럼 느껴지거나, 합리적인 가격대에서 최상의 상품을 기획했다고 생각되는가? 하지만 주위를 조금만 둘러보면 의외로 아이디어부터 품질까지 유사한 상품을 쉽게 찾아볼 수 있을 것이다. 어떤 경우에는 이미 10년도 더 전에 출시된 상품까지 찾아볼 수 있다. 아이디어가 같거나 디자인이 유사하다고 해서 포기하라는 말을 하는 것이 아니다. 자신이 기획한 상품의 디자인이 경쟁 브랜드와 유사하다면 가격으로 경쟁력을 가질 수 있을지, 가격이 비슷하다면 디자인으로 경쟁력을 가질 수 있을지, 스타일의 종류를 좀 더 다양하게 전개해서 차별화를 보여줄 수는 없는지에 대해 생각해보아야 한다는 것이다. 이처럼 기획자는 소비자의 요구에 맞추어 제품을 기획하고, 자신만의 강점을 살려 경쟁력을 확보할 수 있는 방안을 짜내야 한다.

(1) 가격

아무리 상품의 기획을 제대로 했더라도 적절한 가격을 책정하지 않는다면 시장에서 실패할 확률이 높다. 기획자 스스로 먼저 되물어야 한다. '나라면 이 가격에 이 제품을 구매할 것인가?' 만일 선뜻 답을 못하겠다면, 가격 책정에 문제가 있다는 것을 스스로 인정하는 것이 되고 만다. 기획자 스스로도 구매하지 않을 가격을 책정한다면 소비자들은 어떻게 반응할 것 같은가? 상품은 단순히 비싸면 안 팔리고 싸면 잘 팔리는 것이 아니다. 소비자가 볼 때 상품의 가치에 맞는 합리적인 가격이라면 팔린다. 아무리 저렴한 상품이라도 소비자가 필요를 느끼지 못하는 상품은 절대 팔리지 않는다.

기획된 상품의 성공 여부는 의외로 가격과 밀접하게 연관되어있다. 따라서 이미 시장에 출시된 상품의 가격 구조를 한 번 살펴보아야 한다. 저가, 중가, 고가 상품군의 가격대는 어느 정도 선에서 움직이는지 각 가격대별 제품은 어느 정도 비율로 구성되어있는지 살펴볼 필요가 있는 것이다. 그리고 가격대별 상품의 품질에 대한 소비자의 기대치도 파악해야 한다. 가격대별 원단과 부자재, 봉재, 마감 등 완성도에 대한 이해가 필요하다. 가격대별 소비자와 시장은 대부분 이미 명확하게 구분되어있다.

소비자들은 충동적인 구매의 경우를 제외한다면 본인이 구매하고자 하는 가격대의 적정선을 이미 정하고 쇼핑한다. 경기가 불황일수록 이러한 구매성향은 두드러진다. 29만 9,000원과 30만 1,000원은 완전히 다른 가격이다. 이처럼 앞자리 숫자가 바뀌는 문제는 굉장히 신중해야 한다. 물론 원가를 계산하고 손익분기점을 따졌을 때 꼭 받아야 할 가격이라는 생각이 든다면 어쩔 수 없지만, 겨우 2,000원 차이라도 실제로 소비자가 체감하는 차이는 훨씬 크게 느껴진다. 20만 원대와 30만 원대에서 느껴지는 심리적 거리감은 상당하다. 꼼수라고 폄하할 수 있겠지만, 이를 고려하면 효과가 나타난다. 이처럼 판매 가격 결정도 전략적으로 접근해야 한다.

Do it! yourself

디자인이 유사하지만 가격대가 다른 제품 두 가지(저가, 고가)를 비교해보자. 저가의 제품과 고가의 제품의 차이점을 살펴보고 각 가격대가 적절한지 살펴보자. 만약 그렇지 않다면 그 이유를 생각하여 정리해보자.

(2) 홍보 · 마케팅

디자인과 가격대가 비슷한 상품이 동일 유통망에서 경쟁할 때 비교 우위를 점할 수 있는 요소는 무엇일까? 대부분의 브랜드가 사은품 증정이나 가격 할인을 내세우지만 이는 결국 회사에 막대한 재정적 손해를 입혀 최악의 경우에는 회사의 운영을 중단시킬 자충수가 되어 돌아오기도 한다. 물론 가격 책정 단계부터 이미 가격 할인을 감안해서 판매 가격을 결정하기도 하는데, 이렇게 되면 자연적으로 초기 판매 가격이 상승하기 때문에 정상가격 판매율을 낮추는 결과를 가져오게 된다. 홍보와 마케팅

그림 3-3 모델 에이전시 '커먼스 퀘스트'의 홍보자료

은 이러한 시장 상황에서 경쟁력을 확보할 수 있는 중요한 수단이 될 수 있다.

앞서 우리는 타깃 소비자에 대한 조사와 분석을 진행했다. 그렇다면 이제 수많은 경쟁 브랜드 사이에서 소비자의 선택을 이끌어내기 위한 최적의 매체를 선택해서 홍보와 마케팅을 해야 한다. 불과 10년여 전, 아니 5년여 전만 해도 패션잡지 광고는 거의 유일한 패션브랜드의 홍보 창구였다. 텔레비전이나 영화관에서의 광고 상영은 비용 문제로 인해 쉽게 접근할 수 없었고, 무작위적인 홍보 대상을 상대로 하기 때문에 효율성이 떨어지는 것이 큰 문제였다. 홍보와 마케팅은 대상이 중요하다. 물론 모든 사람이 잠재적인 고객이 될 수 있지만, 성별이나 연령대가 다른 문제는 노력으로 극복힐 수 있는 문세가 아니다. 그러나 패션잡지는 적어도 패션에 관심이 있는 사람들이 비용을 지불해서 구매하기 때문에 적극적인 소비자층을 정확하게 타깃으로 삼을 수 있는 최상의 효율을 가진 수단이었다. 하지만 스마트폰과 같은 개인 휴대기기가 100%에 가깝게 보급되고, 이를 통한 소셜 네트워크 서비스의 등장과 성장으로 인해 패션잡지가 경쟁력을 잃어가고 있다. 최근 들어 패션잡지의 디지털 버전이 등장하면서 변화를 꾀하고 있지만, 지켜볼 일이다. 소비자들이 패션에 대한 정보를 취득할 수 있는 경로가 매우 다양해졌다. 굳이 비용을 지불하지 않고서도 말이다.

(3) 유통망 선정

지금은 많이 희석되었지만 여전히 많은 소비자들이 백화점은 고급, 가두점이나 온라인은 저급이라는 생각을 가지고 있다. 동일한 제품이라도 백화점의 제품 가격은 다른 유통채널의 제품에 비해 비싼 편이다. 대부분의 소비자도 이를 인지하고 있다. 가격에 민감한 소비자들은 가격이 저렴한 유통채널을 통해 상품을 구매할 것이고, 가격이 비싸도 서비스가 좋은 곳에서 상품을 구매하고자 하는 소비자들이라면 백화점에서 구매를 할 것이다. 백화점의 소비자들은 지불하는 상품 가격에 자신이 받는 서비스를 포함시키기 때문에 조금 비싸게 팔더라도 합당하다고 생각하기 때문이다.

기획하는 상품을 어떤 유통망을 통해 출시할 것인지에 따라 재정적인 부분부터 상품 기획과 홍보, 마케팅 등 모든 부분의 접근 방법이 달라져야 한다. 예를 들어 백화점 유통을 이용하고자 한다면 품질 못지않게 판매사원의 서비스에 상당한 관심을 기울여야 한다. 명심하자! 백화점의 소

그림 3-4 사이공의 돌체 앤 가바나 매장 디스플레이

비자들은 판매 가격에 서비스의 가치도 담겨 있다고 생각한다는 것을 말이다. 가두점이나 온라인 유통은 백화점에 비해 가격적인 부분이 소비자의 선택에 많은 영향을 미친다. 특히 온라인 유통은 조금 과격하게 표현하자면 가격이 전부인 시장이다. 기본적으로 온라인 유통의 소비자들은 상품의 질이 대부분 유사하다는 전제를 깔고 있는 경우가 많으며 목적 구매의 성향이 강한 경우가 대부분이다. 온라인 유통에 존재하는 여러 판매점의 상품을 비교하는 과정을 거쳐야 하겠지만 결국 상품 선택에 제일 큰 영향력을 발휘하는 것은 가격이다. 상품 구매를 결정하는 요인들은 굉장히 다양하다. 함께 있는 친구나 가족의 권유가 구매로 이어지기도 하며, 그날의 기분에 따라 충동구매를 하는 경우도 있다. 그런데 온라인은 이 같은 경우의 수가 굉장히 적다. 상품 구매에 영향을 미치는 요인이 제한적인 상황에서 단 100원의 차이라도 소비자의 구매에 미치는 영향력은 엄청나다. 여기에 2018년을 기준으로 해서 새로운 개념의 유통채널이 등장했다. 온라인과 오프라인을 통합하여 하나의 상품과 서비스를 제공한다는 개념의 옴니채널과, 온라인과 오프라인을 결합하고 두 채널을 융합한 마케팅을 전개한다는 개념의 O2O(Online to Offline)가 바로 그것이다. 이 두 가지 유통채널은 최근의 유통 트렌드를 가장 잘 보여준다. 기존의 온라인과 오프라인으로 구분되던 이분법적 개념의 유통채널과는 전혀 다른 개념을 가진 채널이 나타난 것이다. 옴니채널과 O2O 두 가지 채널 모두 모바일기기 사용의 활성화와 깊은 연관이 있다.

옴니채널은 '모든 것, 모든 방식'을 의미하는 접두사인 옴니(Omni-)와 유통경로를 뜻하는 채널(Channel)의 합성어로, 2011년 1월 미국소매협회(NRF)가 발표한 'Mobile Retailing Bluepoint v.2.0.0'에서 처음 소개되었다. 〈그림 3-5〉는 유통채널의 변화를 나타낸 것으로 그 내용은 다음과 같다.

싱글채널(Single channel)은 온라인이 등장하기 전으로 오프라인 점포만 존재하던 시기를 의미한다. 멀티채널(Multi channel)은 오프라인 매장, 온라인몰, 소셜커머스 등이 구축되었지만 각

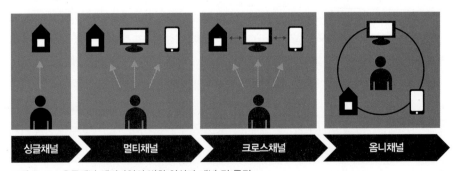

그림 3-5 유통채널 패러다임의 변화 양상과 개념 및 특징

각 독립적으로 운영되는 것을 의미한다. 이후 등장한 크로스채널(Cross channel)은 각 채널을 유기적으로 운영하면서 온라인이 서로 보완하는 관계를 뜻하고, 이때부터 소비자들은 온라인과 오프라인을 하나의 매장으로 생각하기 시작하였다. 그다음 등장한 옴니채널(Omni channel)은 온라인과 오프라인을 상생 관계로 인식하면서 고객 중심으로 모든 채널을 연결하고 통합하여 통일된 상품과 서비스를 제공하고 통합마케팅을 실시하는 특징을 지닌다.

옴니채널의 등장 배경으로는 크게 세 가지를 꼽을 수 있다.

- 첫째, 새로운 대중매체의 등장이다. 최초의 대중매체인 인쇄매체(책, 잡지, 신문 등)의 등장 이후, 전파를 통해 전달되는 영상매체(TV)와 음성매체(라디오, 음반 등)를 의미하는 전자매체가 나타났다. 이후 정보통신기술의 발달로 온라인을 기반으로 쌍방향 매체인 뉴미디어(인터넷, 스마트폰, 소셜네트워크서비스)가 등장하였다. 이러한 쌍방향 대중매체에서는 정보의 생산지와 소비자의 구분이 명확하지 않으며, 뉴미디어 이전의 매체들이 소비자에게 일방적으로 정보를 전달해온 것과 달리, 매체가 소비자들에게 열려 있어 소비자가 정보에 능동적으로 접근할 수 있다. 이러한 매체의 변화는 소비자를 변화시켰고 이것이 바로 옴니채널 등장의 첫 번째 요인이라고 할 수 있다.
- 둘째, 유통채널의 변화이다. 1880년대에는 백화점이 등장하면서 본격적으로 유통시장이 형성되었고, 1960년대에는 대형 상점과 할인매장이 등장하였다. 2000년대 초에는, 인터넷의 등장으로 온라인 쇼핑몰이 활성화되었고, 2010년대에는 스마트폰의 영향으로 모바일과 소셜을 통한 옴니채널화가 가속화되었다.
- 셋째, 소비자의 변화는 크게 소비자의 성향 변화와 구매행동의 변화로 나누어진다. 과거 대부분의 소비자들은 과시 욕구가 강한 성향이 있었고, 이로 인해 브랜드 인지도가 구매행동 결정의 중요한 요소였다. 더불어 온라인이라는 매체가 등장하기 전까지 정보를 수동적으로 전달받는 성향이었다가 정보를 능동적으로 취득하는 성향으로 변화하였다.

이러한 유통 변화와 소비자 변화를 통해 소비자 유형을 크게 트래디셔널 쇼퍼(Traditional shopper)와 크로스오버 쇼퍼(Crossover shopper)로 분류할 수 있다. 트래디셔널 쇼퍼는 오프라인 채널에서만 구매행동의 모든 단계를 수행하는 '순수 오프라인 쇼퍼'와 온라인 채널에서만 구매행동의 모든 단계를 수행하는 '순수 온라인 쇼퍼'를 의미한다. 크로스오버 쇼퍼는 쇼루머(Showroomer), 역쇼루머(Reverse Showroomer), 옴니쇼퍼(Omni-Shopper)로 나누어진다. 쇼루머는 오프라인에서 제품 정보를 접하고 온라인 혹은 전화, 방문판매 등을 통해 구매하는 소비자를 말한다.

역쇼루머는 쇼루머와 반대로 온라인에서 제품 정보를 접하고 오프라인 채널에서 구매하는 소비자를 말한다. 옴니쇼퍼는 제품의 정보 수집 및 구매에 있어 오프라인과 온라인 채널을 포함한 모든 채널을 사용하는 소비자를 의미한다.

O2O는 오프라인 채널과 온라인 채널을 결합함과 동시에 두 채널을 융합한 마케팅을 통해

소비자의 구매를 촉진시키는 것이다. 스마트폰이 널리 보급되고 전화기만 꺼내면 언제 어디서나 인터넷을 사용할 수 있게 되면서, 온라인과 오프라인의 경계선이 모호해지고 O2O가 등장하였다. 국내의 O2O 전개 현황은 초입 단계에 가깝고 매우 미비하다. 현재 국내의 O2O 서비스 유형은 네 가지로 정의할 수 있다.

- 첫째, 온·오프라인 서비스 확대를 전략으로 하는 서비스 확장의 유형
- 둘째, IoT기술 기반의 유형
- 셋째, O2O 기업 간의 인수합병을 통해 제공하는 M&A 유형
- 넷째, 포털 플랫폼을 연결하거나 모바일앱 플랫폼을 기반으로 하는 플랫폼 기반의 유형

국내에서는 대부분 O2O가 서비스 확장의 개념으로 전개되고 있다. O2O는 기업 중심의 플랫폼 기반 유형과는 차이가 있으며, 고객 중심으로 기존 채널을 통해 연계하면서 고객경험과 관리기술을 구현하는 옴니채널의 특성에 더 가깝다고 할 수 있다. 패션 O2O 서비스는 삼성물산, 이랜드 등의 대기업부터 ㈜한섬, 패션그룹 형지 등 중견기업까지 가세하여 시장을 선점하고 있다. 대체로 온라인 스토어(홈페이지, 모바일 웹, 애플리케이션)를 통해 상품의 특성과 남은 재고 정보를 제공한다. 성주디앤디(MCM), 삼성물산 패션부문SSF(로가디스 외)에서는 해당 상품의 오프라인 매장의 재고 여부까지 연동하여 구매할 수 있는 점포 정보를 제공하고 있다. 패션기업 중 코오롱인더스트리(FnC)에서 구현한 비콘 서비스 사례 외의도 기업들은 정보 제공(Push 기능)을 통한 구매 유인을 O2O의 목적으로 삼고 있다. 이는 서비스를 전개하는 기업들이 앞으로 운영할 방향으로 꼽은 O4O(Online for Offline)의 모양이다. 이러한 서비스들은 대개 오프라인과 온라인의 채널 통합 및 연계를 목적으로 하는 옴니채널의 특성을 보였으며(ABC마트코리아, 이랜드, 블랙야크, 성주디앤디, 삼성물산, 만다리나덕, 나인, 게스 홀딩스 코리아, 한섬, 에프알엘코리아, LF, 패션그룹 형지, 인디텍스), 기술을 기반으로 O2O의 특성을 보인 기업은 코오롱뿐이었다. 유니클로의 키오스크도 O2O의 사례이지만, 국내에서 실현된 바는 없다. 대체로 정보를 온·오프라인 간의 연계를 통해 웹사이트, 모바일, 매장의 정보를 연동시켜 사용할 수 있게 하는데, 이 중 모바일을 사용하지 않는 기업은 성주디앤디와 만다리나덕뿐이다. 또한 상품 정보, 재고 정보와 더불어 판매 촉진 프로모션을 정보로 제공하여 매장으로 소비자를 이끌고자 한다. 이는 의복과 패션제품에서, 아직까지는 경험이 매우 중요한 요소라는 것을 보여준다.

흔히 옴니채널과 O2O의 개념이 유사한 것으로 이해하기 쉬운데 주체와 전략, 적용 분야, 기반, 기술 비교에서 차이가 있다. 특히, O2O의 주체는 기업으로, 기업을 중심으로 신규 사업 및 비즈니스 전략을 내세우게 된다. 옴니채널의 주체는 고객으로, 고객 중심으로 기존 채널 통합 및 연계 전략을 내세우고 있는 것이 가장 큰 차이점이다. O2O의 적용 분야는 전 사업 분야이고, 플랫폼 기반으로 고객 인식 및 결제기술을 통해서 전개한다. 옴니채널은 유통 및 금융 분야를 중심으로 고객 경험을 기반으로 하는 고객 경험 및 관리기술을 통해 전개하는 차이점을 보인다. 이처럼

다양한 유통채널 중 자신이 진출 하고자 하는 유통망에 대한 정확한 이해를 기반으로 한 최적화된 상품 기획은 성공적인 판매의 필수적인 요소이다.[†]

---

† 유아람(2019), O2O 유통채널에 관한 연구–패션기업을 중심으로–, 한양대학교 석사학위 논문.

2 트렌드 분석

트렌드의 작용 원리는 이미 다양한 패션 관련 서적이나 자료를 통해 정리되었다. 양적으로는 상당히 방대하지만 자세히 들여다보면 일정한 법칙을 가지고 움직인다는 것을 알 수 있다. 물론 예외적인 사례도 존재하지만 그조차도 일정한 법칙을 가지고 있는 경우를 꽤 찾아볼 수 있다. 트렌드는 패션업계에서 굉장히 중요한 부분이다. 시간적인 요소가 중요하게 적용되는 패션업계에서는, 트렌드가 어떻게 움직이며 상품 기획에 활용되는지에 대한 이해가 필수이다. 자신이 타깃으로 하는 소비자층의 트렌드에 대한 민감도가 어느 정도인지 파악하고 이에 대처하는 것 역시 소비자 분석의 한 부분이다.

그림 3-6 중동 디자이너 전문 온라인 편집매장 'MY SOUK IN THE CITY' 홍보자료

1) 패션트렌드의 정의

트렌드는 모든 상품에 적용된다. 이 책은 패션에 대해 다루고 있으니, 여기서는 트렌드를 패션트렌드에 국한하여 살펴보도록 하겠다. 패션트렌드는 일정한 시간적 기간에 따라 변화하는 흐름이라고 할 수 있다. 일정한 시간적 기간이란, 소비자들의 관심을 끌고 선택을 받다가 사라지는 기간을 말하는 것이다. 여러분의 이해를 돕기 위해 간단하게 정리한 것이지만, 패션트렌드는 이 같은 주기를 반복하기 마련이다. 올해 여름에 인기를 끌었던 상품이 바로 다음해 여름에는 언제 그랬냐는 듯 인기를 얻지 못할 수도 있다. 심지어 시즌이 끝나지 않았는 데도 인기가 시들해져버리는 경우를 쉽게 찾아볼 수 있다. 패션트렌드는 새롭다는 것이 전부이다. 그래서 소위 말하는 '트렌디하다'라는 말은 '새롭다', 혹은 '유행의 정점에 있다'라는 말로 받아들여지기 마련이다. 그렇다면 사람들이 패션트렌드를 받아들이는 정도는 모두 같을까? 그렇지 않다. 소비자는 패션트렌드를 받아들이는 정도에 따라서도 세분화된다.

트렌드가 꼭 시즌의 개념으로 변화하는 유행을 말하는 것은 아니다. 한 가지 예를 들어보자. 1990년대 중반까지만 해도 서울의 압구정 로데오거리를 가면 소위 말하는 잘 차려입은 트렌디한 스타일의 사람들을 쉽게 찾아볼 수 있었다. 이들은 우리가 주변에서 흔하게 찾아볼 수 없는, 소위 범접할 수 없는(?) 아우라를 가진 사람들이었다. 그들의 스타일은 트렌드의 정점으로 인식되었고 많은 사람이 그들의 스타일을 따라하기도 했다. 하지만 1990년대 후반부터 캐주얼한 스타일이 등장하기 시작했다. 예전처럼 잘 차려입은 사람들이 오히려 튀거나 어색하게 보일 정도로 사람들의 스타일이 편해지기 시작한 것이다. 에슬레져 룩, 놈코어 룩, 파자마 룩 등도 이 같은 변화의 과정이라고 보면 될 것이다. 직장인들의 슈트 착장 역시 캐주얼해지기 시작했다. 어깨의 패드는 얇아지고 핏의 종류와 색상도 다양해졌다. 이러한 패션의 캐주얼 트렌드는 지금도 지속되고 있다. 반면, 한 시즌은커녕 한두 달 반짝 인기를 얻고 순식간에 사그라지는 스타일도 허다하다. 이와 같이 트렌드가 소비자들에게 받아들여지고 외면받는 시간적인 주기를 우리는 패션사이클이라고 한다. 그리고 패션사이클 안에는 수많은 트렌드가 존재한다.

2) 패션트렌드의 종류

앞서 트렌드가 변화하는 주기를 패션사이클이라고 부른다고 했다. 그리고 이러한 트렌드의 변화가 일정한 패턴을 가진다고도 했다. 우리는 이러한 사이클 변화 주기의 길고 짧음으로 트렌드를 클래식(Classic)과 일시적인 유행현상인 패드(Fad)로 구분 지을 수 있다.

그림 3-7 이세이 미야케의 트라이베카 매장

    클래식에는 돌연변이 같은 기질이 있다. 진작 소비자들의 외면을 받고 사라졌어야 하는 상품임에도, 어떠한 이유에서인지 사라지지 않고 클래식이라는 이름으로 꾸준하게 소비자들의 사랑을 받는 것이다. 클래식은 지역에 구애받지도 않는다. 다양한 문화와 지역에서 지속적으로 사랑받는다. 돌연변이의 기질을 가지고 있다고 한 가장 큰 이유는, 해당 상품이 처음의 기획의도와 완전히 다른 상품으로 변하는 경우가 많기 때문이다. 한 예로 자동차 중에 SUV라는 차종이 있다. 짐을 많이 실을 수 있고 최근의 라이프스타일 트렌드와도 부합하는 점이 많아 인기를 끌고 있는데, 처음 시작은 물자를 실어 나르기 위한 목적이 분명한 차종이었다. 이를 일상에서도 사용할 수 있도록 변화시켰고 그것이 지금에 이르고 있는 것이다. 이러한 예는 패션에서도 흔하게 찾아볼 수 있다. 대표적인 예로 트렌치코트를 들 수 있다. 전장의 군인들이 전천후로 입을 수 있게 개발된 트렌치코트는, 애초 기획의도였던 군용이 아닌 일상복으로 변화하여 꾸준한 인기를 끌고 있다. 물론 일상복으로 입을 수 있게 변형과 개량이 이루어졌지만 원래의 의도와 무관하게 변형된 대표적인 예이다.

    패드는 길면 몇 년, 짧으면 한 시즌에만 반짝 유행하고 사라지는 것을 말한다. 어찌 보면 패드가 패션트렌드를 가장 잘 정의한 것이라고 할 수도 있다. 클래식은 정말 흔하지 않다. 상품 기획을 잘한다고 해서 만들어낼 수 있는 문제가 아니다. 물론 패션회사의 입장에서는 많은 투자를 한 상품이 오랜 시간 소비자들의 선택을 받길 원하겠지만, 쉽지 않은 문제이다. 그래서 많은 패션회사가 꾸준히 사랑받는 클래식 디자인에 약간의 트렌드를 가미하고 자신의 디자인 정체성을 덧입힌 상품을 기획하는 경우가 많다. 앞서 언급한 트렌치코트 역시, 패션브랜드별로 다양하게 변형된 상품이 등장하고는 한다.

패션사이클은 도입기, 활황기, 쇠퇴기의 3단계로 구분하거나 도입기, 상승기, 가속기, 지속기, 쇠퇴기, 소멸기의 6단계로 구분하기도 한다(그림 3-8). 이러한 과정을 거치면서 일시적인 트렌드로 끝날 것인지, 아니면 클래식으로 지속될 것인지가 결정된다. 사실 많은 트렌드가 이 6단계를 모두 거치기 전에 사라지고, 때로는 클래식으로 넘어가지 못하지만 소수의 마니아층에게 인기를 얻으며 그들만의 클래식이 되어 지속적인 사랑을 받기도 한다. 다음은 패션사이클 6단계를 정리한 것이다(그림 3-8).

- 도입기: 패션선도자(얼리어답터)가 새로운 룩을 선보이는 단계
- 상승기: 해당 룩을 따라 입는 소비자의 수가 늘어나기 시작하는 단계
- 가속기: 기성복 회사들이 유사한 룩을 대량 생산하면서 보다 많은 소비자가 입기 시작하는 단계
- 지속기: 대중매체와 거리 어디에서나 해당 룩을 볼 수 있는 단계
- 쇠퇴기: 소비자들이 싫증을 느끼고 새로운 룩을 찾는 단계
- 소멸기: 대부분의 소비자가 입지 않는 단계

그림 3-8 6단계 패션사이클

3) 패션소비자의 분류

패션사이클 중 도입기에서의 얼리어답터(패션선도자)로 일컬어지는 소비자층은, 새로운 룩을 만들어내는 데 있어 굉장히 중요한 역할을 한다. 그들이 새로운 룩을 소개한다면, 트렌드로 만들어지기까지는 상승기와 가속기에서의 소비자 역할이 중요하다. 우리는 이들을 패션추종자라고 부르기도 한다. 여기에서 말하는 추종은 맹목적인 것이다. 설명을 쉽게 하고자 이끌어가고 이끌려가는 관점으로 분류한 것이지만, 이들 소비자들은 패션트렌드의 정점에 서 있다. 패션트렌드의 단계를 6단계로 나눈 것처럼, 각 단계별 주체 소비자들의 성향은 완전히 다르다. 단계별 소비자들은 트렌드세터, 얼리어답터, 초기 대중소비자, 후기 대중소비자, 패션무관심자의 다섯 가지로 분류할 수 있다. 단계별 소비자들을 구체적으로 살펴보면 다음과 같다.

(1) 트렌드세터
트렌드세터(Trend setter)들은 새로운 룩을 소개하고 시도하면서 자신의 존재 가치를 확인한다. 이

들은 보통 소비자들보다 자신만의 스타일 정체성이 확고하다. 때로는 이러한 성향 때문에 다른 사람들의 거부감을 일으키기도 한다.

(2) 얼리어답터

얼리어답터(Early adopter)들은 합리적인 선에서 자신의 스타일을 선보인다. 트렌드세터의 스타일에서 어느 정도 타협한 스타일을 보여주며 패션트렌드의 확산에 중요한 역할을 한다. 대중소비자들은 이들의 영향을 많이 받는다.

(3) 초기 대중소비자

초기 대중소비자들은 자신을 가꾸는 데 신경을 많이 쓰고 구매 결정을 신중하게 내린다. 얼리어답터의 스타일을 많이 추종하는 성향을 보인다.

(4) 후기 대중소비자

후기 대중소비자들은 기본적으로 보수적인 성향을 가지고 있으며, 패션트렌드를 따르기까지 초기 대중소비자들보다 많은 시간이 필요하다.

(5) 패션무관심자

패션무관심자에게 옷은 다른 사람에게 자신을 돋보이게 하는 수단이 아니다. 이들은 옷을 구매할 때 얼마나 입기 편하고 관리하기 편리한지를 따진다. 구매를 위해 참고하는 정보는 가족이나 친구에게서 얻는 것 정도가 대부분이다. 지출에 극도로 민감하며 충동구매의 가능성이 거의 없다.

4) 패션트렌드의 형성과 확산

패션트렌드를 만들어내는 요인들은 굉장히 다양하다. 기술, 경제, 환경, 사회문화, 미디어 등은 패션트렌드에 대표적으로 영향을 끼치는 요소로 볼 수 있다. 상품을 기획하다 보면 이러한 주변 요소들의 영향을 많이 받기 마련인데, 기획 당시의 환경이 상품에 그대로 적용되기도 한다. 경제적으로 힘들고 사회적으로 부정적인 이슈가 많은 시기에 출시되는 상품들을 살펴보면, 대체로 색의 채도가 낮고 디테일이 절제되어있는 것을 알 수 있다. 이러한 경향은 패션쇼에서 더 확연하게 드러난다. 반대의 경우도 마찬가지이다. 긍정적인 이슈가 많다면 패션에 드러나기 마련이다.

　　패션트렌드가 어떤 식으로 확산되는지를 다룬 이론들은 다양한데 그중에서도 하향확산, 상향확산, 수평확산 이론이 대표적이다. 하향확산 이론은 위에서 아래로 트렌드가 전해진다는 내용이다. 유명 연예인이 착용했거나 패션쇼에 소개된 스타일을 기성복 브랜드가 빠르게 받아들여 대중화시킨 후 확산시킨다는 내용이다. 상향확산 이론은 반대의 개념이다. 하위개념으로 인식되던 스

그림 3-9 헬싱키 디자인포럼 '프레쉬 & 패션!' 행사(2012)　　**그림 3-10** 아메리칸 어패럴 매장 디스플레이

타일들을 오히려 유명 연예인이나 고가브랜드가 받아들여 상층으로 올라가는 개념이다. 대표적인 것으로는 힙합과 펑크를 들 수 있다. 영국 디자이너 비비안 웨스트우드는 하위문화로 취급받던 펑크를 주류 트렌드로 올리는 데 큰 영향을 미쳤다. 지금은 많은 명품 브랜드가 힙합과 펑크적인 요소들을 그들의 상품 기획에 활용하고 있다. 마지막으로 수평확산 이론은 트렌드가 수평적으로 확산된다는 내용인데, 대부분의 사람이 뒤처지는 스타일을 원하지 않으며 그렇다고 해서 그들과 달라 보이는 것도 싫어하기 때문에 절대 두각을 나타내지 않고 서로를 참고하면서 수평적으로 받아들인다는 것이다. 먼저 패션트렌드를 받아들이지도 않지만 그렇다고 해서 뒤처지는 것도 싫어하는 사람들에 의해 트렌드가 확산된다는 이론이다.

패션트렌드는 어디에서 어떻게 시작될지 모른다. 패션트렌드는 이 세 가지 이론이 혼재되면서 만들어지며 확산된다. 그 시작점은 꼭 패션이 아닌 경우도 많다. 전혀 다른 분야의 영향을 받아 패션트렌드로 만들어지는 경우도 흔하다. 그렇기 때문에 분야를 가리지 않고 다양한 분야의 여러 현상에 관심을 기울이고 지켜보면, 어떤 트렌드가 등장할지 미리 예측하는 것도 그리 어렵지만은 않을 것이다.

몇 번을 강조해도 부족함이 없을 것이다. 성공적인 상품 기획이 가능하려면 반드시 시장 조사가 선행되어야 하고, 원하는 상품에 대한 정보를 얻으려면 소비자 라이프스타일에 대한 세밀한 파악이 이루어져야 한다. 때로는 이러한 사전 조사 없이 자신의 상품 기획 능력에 대한 지나친 확신으로 본인이 기획한 상품을 사람들이 반드시 살 것이라는, 혹은 살 수 밖에 없다는 자신감으로 상품을 출시하고 실패를 경험하게 된다. 머릿속에서 항상 관념적으로 생각해오던 생각을 소비자를 필터로 하는 검증의 과정을 거치지 않고 구현했을 때 나타나는 실수인데, 의외로 이런 실수를 저지르는 경우가 많다. 소비자를 완벽하게 이해하기 위해서는 상품 기획자 스스로 타깃 소비자의 라이프스타일에 빠져들어야 한다. 자신이 기획한 상품의 콘셉트와 전혀 거리가 먼 라이프스타일을 가지고 살며 타깃 시장에서 판매되는 상품들은 사지 않는다면 어떻게 타깃 소비자를 이해할 수 있을까? 머릿속의 막연한 이해는 도움이 되지 않는다. 소비자를 이해하려면 자신이 먼저 그들 중 한 사람이 되어야만 한다.

타깃 소비자들에게 상품을 어필하기 위해서는 다양한 측면에서 상품을 검토해야 한다. 자신이 기획하는 상품이 다음의 측면에 비추어 봤을 때 얼마나 경쟁력이 있는지, 반드시 확인해볼 필요가 있다.

1) 콘셉트와 무드

콘셉트와 무드는 수치상으로 확인할 수 있는 것은 아니지만 상품의 성패를 좌우하며, 기획된 상품의 오리지널리티를 확보하게 해주는 중요한 요소이다. 기획의도와 취향을 담아낸 상품에 바이어나 소비자들이 공감할 수 있다면 성공 가능성이 올라간다. 따라서 소비자가 제품을 잠깐 보고도 상품에 담긴 의도와 스토리를 읽어낼 수 있게 만들어야 한다. 또한 잘 촬영된 사진을 담은 카탈로그나 웹사이트 등 다양한 마케팅 서포트 자료들을 준비하여 브랜드가 전달하고자 하는 의도를 잘 전해야 한다.

2) 유니크(참신성)

동일한 타깃 시장에서 동일한 타깃 소비자에게 선택받고자 하는 수많은 상품 중에서 내가 기획한 상품이 선택될 수밖에 없는 이유가 필요하다. 물론 이것은 쉽지 않은 일이지만 해야만 한다. 남들이 사용하지 않는 원부자재나 컬러 혹은 독창적인 디자인이 필요하다. 업사이클링 가방 디자인 브랜드인 프라이탁(Fretig)이 유니크의 좋은 예가 될 수 있다.

3) 상업성

우리가 지금 책에서 이야기하는 내용은 판매를 위한 제품, 즉 상품에 대한 것이다. 다시 한번 강조하지만 팔리지 않는 상품은 아무런 의미가 없다. 재정적으로나 시간적으로 많은 투자가 이루어진 상품이 팔리지 않았을 때 상품 기획자에게 닥칠 수 있는 상황을 현실적으로 생각해보면, '의미가 없다'는 정도의 표현을 한 것은 꽤 신사적인 일이다. 기획자는 타깃 시장에서 어떤 상품이 잘 팔리는지, 그리고 왜 잘 팔리는지를 분석하고 자신이 기획하는 상품에 적용시켜야 한다. 소비자들의 의견에 항상 관심을 기울이고 자신이 속한 시장에 맞는 합리적인 가격대 책정이 필요하다.

4) 품질

가격대에 따라 소비자들이 납득할 수 있는 품질의 수준은 달라진다. 저가의 상품을 고르면서 고가의 상품에서나 나올 수 있는 품질을 원하는 소비자는 많지 않다. 소비자들은 자신이 지불하는 상품 가격에 합당한 품질의 제품을 원한다. 소비자는 제품이 조금이라도 가격 이상의 가치를 가졌다는 생각이 들면 지갑을 열 것이다. 명심할 것은 가격대에 맞는 합리적인 품질을 원한다는 것이, 저가라면 품질이 나빠도 구매한다는 의미가 되지는 않는다는 것이다. 품질은 소비자와의 신뢰에 관한 문제이다. 적어도 그들이 내는 돈의 가치만큼의 품질은 반드시 지켜야 한다. 가격은 소비자가 선택할 문제이지만 품질은 선택 자체를 고민하지 않게 만든다. 그래서 '가성비'라는 말이 나왔다.

　　가성비가 우수하다는 것은 가격 대비 성능이 우수하다는 것을 말하는 것으로, 소비자들이 가격에 비해 괜찮은 상품을 저렴하게 샀다는 인식이 들었을 때 느끼는 심리적인 현상이다. 이것은 가격이 싸고 비싸고의 문제는 아니다. 아무리 저렴한 가격의 상품을 산 소비자라고 해도 자신이 지불한 가격만큼의 값어치를 하지 못한다는 생각이 들게 하면 안 된다. 이러한 문제를 해결하기 위해서는 디자인과 품질, 그리고 가격의 세 가지 요소가 완벽하게 맞아떨어져야 하는데 이렇게 하기란 쉽지 않다. 그래서 필요한 것이 바로 홍보·마케팅이다. 스타 마케팅을 하여 소비자들로 하여금 연예인이 내가 산 상품과 동일한 상품을 들고 드라마에 등장하거나, 내가 산 상품의 브랜드가 언론에 등장하거나, 주변 친구들이 사용하는 것을 자주 볼 수 있다면 실패한 쇼핑이라고 자책하는 것이 아니라 내가 굉장히 좋은 값어치의 상품을 저렴하게 샀다고 안심하게 만드는 효과가 생긴다. 이때 소비자는 자신이 합리적인 소비를 했다고 생각하여 만족하게 된다. 이러한 만족감은 브랜드 및 상품에 대한 신뢰도를 상승시키는 효과를 가져와 결국 재구매로 이어지게 한다. 이러한 이유로 홍보와 마케팅 전략도 상품 기획에서 중요한 부분을 차지하는 것이다.

5) 브랜드 정체성

써스데이 아일랜드(Thursday Island)라는 국내 브랜드가 있다. 1990년대 후반에 처음 런칭한, 탄생한 지 20여 년 가까이 된 장수 브랜드이다. 고가의 명품 브랜드도 아니고 매장이 많은 것도 아니다. 그렇다고 홍보·마케팅을 엄청나게 하지도 않는다. 그런데 꾸준하다. 왜일까? 이 브랜드는 런칭 후 한 번도 브랜드 콘셉트를 바꾸지 않았다. 수많은 패션트렌드가 등장하고 사라지기를 반복했지만 이들은 자신의 브랜드 정체성을 끝까지 지켜나갔다. 물론 어느 정도 상품 기획 당시의 패션트렌드를 적용하기도 했지만 눈에 띌 정도는 아니었다. 이 브랜드가 지금까지 이어지는 동안 수많은 브랜드가 등장하고 사라졌다. 사라진 브랜드 대부분은 한때의 패션트렌드에 편승하여 쉽게 돈을 벌어보고자 급하게 런칭을 했거나, 패션트렌드의 변화에 지나치게 민감하게 반응해서 수시로 브랜드 정체성을 바꾼 경우였다. 만약 그 브랜드들이 자신만의 독창적인 정체성을 지키면서 변화하는 트렌드들을 합리적인 선에서 적용하며 변화해왔다면, 살아남았을지도 모르겠다. 물론 예외는 있기 마련이지만 말 그대로 예외는 예외다. 예외적인 경우를 보편화할 수는 없는 것이다. 일관된 콘셉트를 가지고 상품을 지속적으로 출시하고 패션트렌드가 바뀌어도 브랜드가 처음 추구하고자 했던 가치를 지켜나가야 한다.

　　브랜드의 정체성을 지키기 위한 방법에는 여러 가지가 있다. 상품에 국한해서 생각해보면 피팅감 유지가 무엇보다 중요하다. 원단과 컬러, 품질과 가격 역시 필요한 요소이다. 소비자는 매 시즌 전혀 다른 브랜드의 옷을 보는 것처럼 브랜드가 변화하는 것을 그렇게 좋아하지 않는다. 다른 브랜드의 옷이 필요하다고 느끼면 그 브랜드의 옷을 사면 될 일이다. 그러나 패션트렌드의 흐름에 따라 적정한 선에서 상품을 변화시키는 것은 필요하다. 따라서 패션트렌드를 정확히 이해하고, 브랜드 정체성을 훼손하지 않으면서도 이를 상품에 어떻게 반영할 수 있는지를 알아야 오랜 시간 소비자들의 사랑을 받을 수 있다.

6) 상품 구성 범위의 계획

기획된 다양한 상품들이 매장에서 어색해 보이지 않고 조화롭게 구성되기 위해서는, 기획 단계의 초기부터 제대로 계획을 해야 한다. 소비자의 구매 후보 리스트에 들어가기 위해서는 디자인과 판매 전략 모두를 고려해야 한다. 상품군을 구성할 때는 브랜드의 정체성을 잘 보여주는 상품군, 미디어의 관심을 끌 수 있는 상품군, 소비자의 선택을 많이 받을 수 있는 상업성이 높은 상품군을 명확하게 설정해야 한다. 상품 구성 계획은 효과적인 상품 기획의 필수적인 단계이다.

7) 상품 구성 범의의 폭

상품 구성에 넣을 디자인의 종류를 결정할 때는 판매 전략이나 상품 유형에 따라 다르게 접근해야 한다. 다양한 아이템과 디자인을 내놓아야 소비자의 선택의 폭이 넓어져서 선택받을 확률이 높아질 수 있다고 생각하기 쉽지만, 이는 필연적으로 비용의 증가를 불러온다. 경험이나 데이터가 많은 상태에서 자신의 기획에 확신이 있다면 모르겠지만 그렇지 않다면 상당한 위험을 안고 갈 수 있는 상황이 닥칠 수 있다. 물론, 기획의도에 제대로 맞아떨어지기만 한다면 이익을 극대화할 수 있다. 하지만 그런 경우는 그렇게 흔하지 않다.

상품 아이템의 수는 최소한으로 하고 아이템별 디자인의 수를 늘린다면 어떨까? 예를 들어 아이템을 가죽 재킷으로 한정하고 그 안에서 다양한 디자인을 전개한다면? 서로 다른 10가지 아이템과 한 가지 아이템의 디자인이 10가지로 나누어지느냐의 차이다. 어느 쪽이 더 성공확률이 높을까? 아이템을 제한하면 한 아이템 안에서 다양한 디자인을 선택할 수 있기 때문에, 소비자들이 기획한 상품 안에서 비교와 선택을 할 수 있는 확률과 최종 구매율이 높아진다. 브랜드의 운영적인 측면에서도 브랜드만의 정체성이 명확해지는 효과가 있을 것을 예상할 수 있다. 아이템은 그 수가 늘어날 때마다 패턴의 수도 늘어나고, 생산을 담당하는 공장의 수와 관계되는 인력의 수도 늘어난다. 또 아이템별 최소 생산수량이 정해져 있기 때문에 전체 생산 물량의 수도 함께 늘어나게 된다. 따라서 아이템의 수를 늘리는 것은 매우 신중해야 한다.

8) 가격 결정

상품의 가격을 결정할 때 고려해야 하는 요소들이 있다. 하나의 상품에는 소요된 원단과 부자재, 인건비, 기타 부대비용이 1/n로 녹아들어야 한다. 그렇다고 단순히 이 금액을 합해서 판매 가격을 정할 수는 없다. 거기에다가 이윤 창출과 브랜드의 지속적인 운영을 위한 여러 가지 예상 소요금액을 더해서 판매 가격을 결정해야 하는데 이때도 중요한 고려요소 한 가지가 빠져 있다. 바로 시장 조사를 통한 경쟁사와의 가격 비교이다. 앞에서도 언급했듯 소비자들의 상품 구매 결정요인 중에서 가격은 굉장히 많은 비중을 차지한다. 단순하게 생산된 옷의 원가에 각종 소요 비용 등을 더한 가격을 기계적으로 책정해서 시장에 출시한다면, 다른 브랜드와의 가격 경쟁에서 밀려 고전을 면하지 못할 확률이 높다. 이러한 요소들은 브랜드별로 차이가 크지 않다.

가격 결정에도 전략이 필요하다. 모든 디자인에 동일한 가격 결정 정책을 적용한다면 잘못된 것이다. 보통 저렴한 옷일수록 잘 팔린다. 그렇다면 전체 기획 아이템 중에서 저렴한 가격대로 출시할 수 있는 아이템들은, 개별 아이템의 마진을 줄이더라도 디자인의 수를 다양하게 갖추어 전체 판매물량을 끌어올린다면 어떨까? 비싼 가격대의 아이템은 디자인의 수는 최소한으로 하고 생산 수량도 보수적으로 책정해서 적게 생산하고, 디자인별 마진의 폭을 조금 더 높이 가져간다면 어떨까? 예를 들어 단순한 디자인의 티셔츠는 마진을 최소한으로 잡는 대신 컬러와 소재를 다양하게 전개해서 전체적인 판매율을 이끌어가게 하고, 코트나 재킷과 같은 아이템들은 컬러를 한 가지 혹은 많아도 두 가지 정도로 제한하고 수량도 조절하는 식의 가격 결정 전략이 적절할 수 있다.

9) 상품 라인업 계획표

아이템별 디자인을 할 때는 철저하게 계획적으로 접근해야 한다. 무작정 디자인을 시작하기보다는 차분히 앉아서 이번 시즌에 내가 진행할 전체 물량의 규모와 스타일의 수, 소요되는 원단과 부자재의 종류, 적용할 컬러, 가격대별 아이템과 디자인의 개수 등을 미리 정리하여 부족한 부분이나 넘치는 부분을 조절하고 디자인을 시작해야 시행착오를 줄일 수 있다. 일단 판매가 시작되면 최상의 판매 결과가 나올 수 있도록 판매영업과 홍보·마케팅에 모든 역량을 집중해야 한다. 판매와 디자인 작업을 동시에 진행하는 것은 쉽지 않으며 효율적이지도 못하다. 처음부터 제대로 계획을 세워서 전략적으로 진행하고 시장에 출시됐다면 판매에만 집중하도록 하자.

계획을 미리 세운다면, 우선 자신이 생각했던 전체 상품의 라인업 구색이 잘 맞는지 살펴볼 기회를 만들어야 한다. 이렇게 하면 꼭 필요한 아이템이나 디자인이 빠져 있다거나, 한 가지 아이템에 너무 많은 디자인이 몰려 있다거나, 아니면 비슷한 디자인의 상품이 있다거나 하는 식의 실수를 하지 않을 수 있도록 해준다. 상품을 기획할 때 가장 중요하게 고려해야 할 부분은 소비자가 어떤 디자인과 가격대의 상품을 원하는지 예측하는 것이다. 디자인의 종류, 컬러와 원단 및 부자재의 사용, 합리적인 가격대 등을 균형 있게 기획한다면 상품 라인업에서 탄탄한 무게감이 느껴질 수 있다.

기획할 수 있는 전체 물량의 규모가 크다면 다양한 디자인과 복종으로 구성할 수 있겠지

그림 3-11 궤테만 봉재사

그림 3-12 미네소타 대학교 패션 트레션 쇼(2009)

만, 소규모의 신규 브랜드나 디자이너 브랜드라면 50개의 스타일 혹은 그보다 적은 수의 스타일만 기획해야 할 경우 아이템은 최소화하고 대신에 디자인을 다양하게 전개해야 한다. 아이템의 종류를 줄이면 역설적으로 소비자의 선택 폭을 더 넓히는 결과가 생긴다. 너무 많은 아이템의 디자인을 전개하느라 상품의 개별 완성도를 떨어트리는 실수를 저질러서는 안 된다. 자신 있는 아이템 몇 가지로 확실한 품질의 디자인을 보여주는 것이 전략적으로 훨씬 승산이 높다.

10) 히트아이템의 필요성

매 시즌 수십 수백 개의 디자인들이 기획된다. 이 중 몇 개의 디자인이 소비자들의 선택을 받는다고 생각하는가? 보통 기획 단계에서 처음 책정한 상품의 가격(정상가)으로 최종 판매율이 60%를 넘는다면 히트아이템으로 분류한다. 쉽게 말해서 10만 원짜리 셔츠 100장이 할인되지 않은 가격으로 60장을 판매해서 소진한다면 히트상품으로 분류한다는 말이다. 나머지 40장은 할인을 해서 팔아도 이윤을 창출할 수 있다. 겨우 60%라고 생각하는 사람들도 있겠지만 직접 상품을 기획해서 판매하다 보면 이게 얼마나 어려운 일인지 알 수 있다. 만약 정상가로 판매해서 처음 기획 물량을 모두 판매하고 추가 생산을 진행한다면? 그리고 추가 생산의 횟수가 늘어난다면? 사실 100가지 스타일을 기획해서 전체를 평균 50%씩 판매하는 것보다는 95개 스타일의 판매율이 20% 내외더라도 나머지 5개의 판매율이 200%, 300%인 것이 생산원가도 훨씬 낮고 결과적으로는 이윤 창출에도 더 도움이 된다. 만약 매년 디자인의 큰 변화 없이 지속적으로 판매를 담보할 수 있는 아이템, 스테디(Steady) 아이템을 가지고 있다면 이보다 좋은 일은 없을 것이다. 사실 어떤 아이템이 히트아이템이나 스테디 아이템이 될지는 누구도 알 수 없지만 시장 조사를 통해 예측은 가능하다. 이러한 조사 분석을 근거로 해서 히트아이템으로 만들고자 하는 아이템을 선정하고, 생산 물량을 최대한 늘려 생산원가를 낮춘 후 홍보와 마케팅 등의 역량을 집중해서 성공시키고, 전체 스타일의 판매율을 이끌어가게 한다면 기획자의 입장에서는 한결 부담 없고 자신 있게 다른 상품의 기획에 집중할 수 있다.

11) 상품 기획의 3요소

(1) 실용성

소비자들이 옷을 구입할 때 고려하는 요소는 무엇일까? 굉장히 다양한 이유들이 있겠지만 크게 세 가지 정도를 꼽을 수 있다. 실용성, 트렌드, 부가가치가 바로 그것이다. 상품 기획 시에는 기획 초기부터 크게는 브랜드 전체, 작게는 개별 아이템에서 세 가지의 범주 중 어느 쪽의 가치를 중요시할지 결정해야 한다. 어떤 범주에 집중하느냐에 따라 원단 및 부자재의 사용이나 디자인의 디테한 가지 혹은 최소한의 아이템으로 시장에서 입지를 다지고 있는 브랜드를 찾아보고, 어떤 아이템에 집중하고 있으며 그들의 상품 라인업 전략은 무엇인지 조사하고 분석해보자.

일 등이 다르게 적용되고 홍보·마케팅 전략 역시 변하기 때문이다. 대부분 목적 구매의 성향이 강한 소비자들은 그 옷을 사는 이유를 반드시 가지고 있기 마련이다. 그렇다면, 그들의 목적에 부합하는 상품을 기획해낼 수 있다면 판매 성공률이 높아지는 것은 당연한 일일 것이다. 그리고 그들의 목적은 이 세 가지의 범주 중 하나에 속할 수밖에 없다. 실용성 범주에 속하는 예를 하나 들기 위해 계절적인 실용성을 생각해보자. 겨울에 입는 옷은? 당연히 따뜻해야 한다. 여름에 입는 옷은? 당연히 시원해야 한다. 바이크를 타는 라이더들의 옷에는 보호장구가 완벽하게 갖추어져 있어야 하고 수영복은 속살이 비치면 안 될 것이다. 이처럼 기능성에 관심을 기울이는 소비자들을 타깃으로 상품을 기획한다면 소재나 디자인이 추구하고자 하는 용도와 기능에 잘 부합하는지 반드시 고려해서 기획해야 한다.

Do it! yourself

상품 라인업 시트를 만들어보자. 전체 상품의 숫자는 30개 아이템은 다섯 개로 제한해서 정리하고 아이템별 스타일과 가격을 결정해보자. 그림으로 그리지 않아도 좋다. '2버튼 싱글 브레스트드 울 자켓'과 같은 식으로 상품의 특징을 간략하게 적어서 시트에 기재해도 무방하다. 완성된 시트는 다른 사람에게 보여주고 의견을 들어보자.

(2) 트렌드

만약 자신이 생각하고 있는 타깃 시장과 소비자들이 트렌드에 굉장히 민감하다면, 기능성 강조에 필요한 요소보다는 타인에게 보여지는 룩(Look)에 집중해서 상품을 기획해야 한다. 이때 피팅감과 컬러 등이 중요한 고려요소가 될 수 있다. 상품 기획자는 지속적으로 트렌드 조사를 하면서 빠른 트렌드에 뒤처지지 않는 상품 기획과 생산능력을 갖추어야 한다. 트렌드에 민감한 소비자들은 겨울에 춥고 여름에 덥고, 보호장구가 부족하고, 속살이 조금 비치더라도 입고 난 후 보여지는 룩에 더 많은 신경을 쓸 것이다. 물론, 겨울에 추위로부터 자신을 전혀 보호해주지 못하는 옷을 사지는 않겠지만 기능성을 중요시하는 소비자들보다는 개의치 않을 것이다.

(3) 부가가치

상품 본연의 가치를 중요시하는 소비자들은 브랜드의 가치가 높은 상품을 구매하는 성향이 있다. 자신이 입고 있는 옷이나 액세서리들로 인해 자신의 가치가 올라간다고 여기는 심리적 부가가치를 중요시하기 때문이다. 이는 더불어 얹어지는 가치를 말하는 것으로, 소비자들이 생각하지 못했던 디테일이나 패키지 포장 등을 예로 들 수 있다. 한 가지 스타일이지만 입는 방법에 따라 여러 가지 스타일의 연출이 가능한 디자인이거나, 배지나 와펜 등을 멋지게 디자인해서 부착하는 식의 디자인도 있을 수 있다. 아니면 패키지 디자인에 신경을 써서 소비자가 옷을 입기 전부터 시각적으로 이미 만족감을 느끼면서 옷을 입게 할 수도 있다. 디테일이 거의 없는 기본 디자인의 티셔츠에 멋진 배지나 자수를 새겨서 경쟁사의 옷과 차별화하거나 라벨이나 태그 디자인을 독특하게 하여 옷의 가치를 올리는 예를 우리는 흔히 볼 수 있다. 별것 아닌 것 같지만, 이러한 부가적인 부분은 자신이 기획한 상품의 판매 가격을 높일 강력한 무기가 될 수 있다.

4 생산

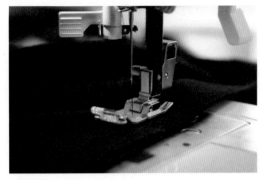

그림 3-13 본봉 재봉기

사실 상품 기획의 단계보다 훨씬 어려운 부분이 바로 생산이다. 만약 여러분이 개인 디자이너 브랜드를 런칭하고자 한다면 더욱 그렇다. 상품을 생산하다 보면 워낙 다양하고 예측이 어려운 사건이나 사고가 일어나기 때문에 다양한 생산 관련 지식과 경험이 필요하고, 생산이 완료될 때까지 생산 공정을 관리할 수 있는 노련함이 상당히 요구된다. 아무리 멋진 상품을 기획하더라도 내가 의도한 수준의 품질에 맞출 수 있는 생산력을 확보하지 못한다면 의미가 없다. 안정된 생산력을 확보하기 위해서라도 아이템을 단순화할 필요가 있다. 아무리 경험이 많고 숙련된 인력이 배치된 생산공장이라도 모든 종류의 아이템 생산이 가능한 곳은 한 곳도 없다. 남성복인지, 여성복인지, 아동복인지, 성인복인지에 따라 생산이 가능한 공장은 제각각이다. 그 안에서도 상의인지, 하의인지, 저지 소재인지, 우븐 소재인지에 따라 또다시 생산 가능한 공장과 불가능한 공장이 나누어진다. 아이템의 수가 늘어나면 늘어날수록 관리해야 하는 공장의 수와 인력이 늘어나고 원단과 부자재의 공급에 소요되는 시간과 비용이 늘어난다. 만약 그 모든 공장이 한 지역에 위치해 있지 않고 여러 지역에 흩어져 있다면? 아마 하루 종일 공장만 돌아다니다가 시간을 다 보낼 것이다. 안정된 생산능력의 확보는 안정된 상품 기획의 가장 중요한 요소이다.

1) 생산방식

생산방식은 크게 자체생산과 위탁생산의 두 가지로 나눌 수 있다. 자체생산이란 디자이너나 브랜드가 자체적으로 생산하는 방식이다. 개인 디자이너의 경우 패턴 제작과 재단, 봉제의 기술을 가지고 직접 기획한 디자인을 제작하게 되고 회사의 경우에는 자체 공장에서 생산 공정에 필요한 모든 숙련공들을 직접 고용해서 생산하게 된다. 위탁생산은 외부에 생산을 의뢰하는 것으로 소규모 가내수공업 형태의 공장부터 완제품의 생산과 입고까지 책임지는 완사입의 형태까지 다양하다.

다음은 각 생산 형태의 특징을 정리한 것이다.

(1) 자체생산(개인)

- 상품 기획자가 패턴기술이나 봉제기술을 이용하여 기획한 디자인을 직접 생산한다.
- 디자인 난이도가 높아 대량 생산이 불가능하거나 자신만의 디자인 의도가 명확해서 다른 사람이 이해할 수 없는 스타일의 생산에 유리하다.
- 숙련된 생산기술을 가지고 있지 않다면 동일한 상품이라고 해도 각각의 품질이 상이하고 관리하기가 어렵다.
- 원부자재를 모두 직접 구입해야 하고 상대적으로 대량 생산보다 원부자재 구매 가격이 높다. 원하는 디자인의 부자재를 주문 제작하는 것이 불가능하다.

(2) 자체생산(회사)

- 자체 숙련공을 고용해서 샘플링 방식으로 생산을 진행하기 때문에 품질관리가 용이하다.
- 공장의 구축을 위해 장소를 임차하고 생산 설비를 갖추는 등 초기 투자비용이 발생한다.
- 생산에 소요되는 비용(인건비)이 고정적이기 때문에 기획하는 스타일의 수가 많고 수량이 많을수록 이익을 높일 수 있다. 반대로 스타일의 수가 적고 수량이 적으면 상당한 위험이 따른다.

(3) 위탁생산(가내수공업)

- 패턴 제작, 재단, 봉재, 마무리의 모든 과정을 진행할 수 있는 숙련공 한두 명이 적은 수량의 물량을 생신한다.
- 난이도가 높은 디자인의 제작과 적은 수량의 생산도 가능하지만, 생산비용이 높은 편이다.
- 생산에 소요되는 모든 원부자재는 직접 구입해서 공급해야 한다.
- 세금계산서 등의 발행이 불가능한 경우가 많다.

(4) 위탁생산(CMT)

- 샘플 제작부터 생산 마무리까지 생산의 전 과정을 진행할 수 있다.
- 공장의 상황에 따라 적은 물량부터 많은 물량까지 소화 가능하다.
- 패턴과 원부자재는 직접 구매해서 전달해야 한다. 완성 후 입고까지 가능한 경우도 있지만 포장재는 직접 구매해서 전달해야 한다.

(5) 위탁생산(완사입)

- 생산을 위한 작업지시서만 전달하면 원부자재 구입부터 입고까지의 모든 과정을 진행해주며, 생산에 소요되는 비용이 다른 생산방법과 비교할 때 가장 높다.
- 필요하다면 라벨이나 태그 제작이 가능하지만 의뢰자가 제공하는 경우가 더 많다.
- 주로 많은 물량 생산에 적합하며 모든 생산과정에 신경 쓸 필요가 없다.
- 납품까지 담당해주므로 포장재를 별도로 준비할 필요가 없다.

그림 3-14 패션제품 생산공장 　　　　　　**그림 3-15** 패션제품 트리밍

2) 생산 공정

생산방법의 결정은 주로 회사의 규모나 전체 상품 기획 물량에 따라 결정되기 마련이다. 규모가 작은 브랜드나 디자이너들은 샘플의 제작이나 메인 상품 제작을 직접 하거나 소규모의 가내수공업 업체에 의뢰하게 된다. 사업이 잘되어 규모가 확장된다면 대량 생산이 가능한 업체로 생산처를 바꾸어서 진행하면 된다. 하지만 아무리 규모가 큰 브랜드라 하더라도 모든 기획 아이템을 대량 생산하지는 않는다. 기획의도에 맞게 생산 물량을 정하기 때문에 대부분 소량 생산이 가능한 생산처와도 거래를 유지하는 편이다.

　　　생산 경험이 전무하거나, 디자인 기획이나 홍보·마케팅에 역량을 집중하고 싶다면 완사입 업체를 이용하는 것이 가장 적합하다. 하지만 대부분의 완사입업체는 생산 공정별 작업라인이 별도로 구성되어있는 형태의 생산 시스템을 가지고 있기 때문에, 소량 생산은 하지 않는다. 그리고 완사입업체들도 자신들의 자체 공장을 가지고 있기보다는 대량 생산이 가능한 공장과 계약을 맺고 위탁생산을 하는 경우가 대부분이다. 여기서 생산 공정별 라인이 구분되어있다는 것은 한 명의 작업자가 한 개의 옷을 처음부터 끝까지 다 만드는 것이 아닌, 자신이 담당한 각 부분들만 작업해서 다음 작업자에게 넘기는 것을 말한다. 물론 공장의 상황에 따라 대량 생산을 위주로 하는 곳이라도 적은 규모의 생산이 가능하지만 생산 원가가 너무 높아 도저히 타산을 맞출 수 없는 경우가 많다. 그래서 생산 수량이 너무 적지도 많지도 않거나 생산 물량이 항상 유동적인 브랜드들은 CMT(재단, 봉재, 마무리) 방식의 생산처를 선택하는 경우가 많다. 패턴과 샘플을 직접 준비해서 전달하고 생산에 소요되는 원부자재도 직접 조달해서 전달하는 대신, 완사입업체에 비해 생산단가를 낮출 수는 있다. 품질도 완사입업체에 비교해서 떨어지지 않고 다양한 물량 소화가 가능하다. 다만 품질을 맞추기 위한 생산관리에 직접 신경 써야 한다. 어떤 아이템의 어떤 디자인을 생산하느냐에 따라 생산순서는 달라질 수 있지만, 대부분의 제품은 다음과 같은 순서로 생산된다(그림 3-16).

| 기획 | 원·부자재 구입 | 패턴 및 샘플 제작 | 수정 | 메인 상품 생산 | 출고 |

그림 3-16 패션제품 생산 순서

(1) 기획

이 단계에는 트렌드의 조사 및 타깃 시장과 소비자의 조사 분석이 포함된다. 그리고 어떠한 원단과 부자재를 사용할 것인지를 비교해서 결정하게 된다. 전체적인 라인업을 정리했다면 디자인 작업을 진행하는데 이때 생산 의뢰를 위한 작업지시서를 작성해야 한다. 작업지시서에는 자세한 스펙과 제작을 위한 세부적인 주의사항 등을 꼼꼼하게 기재한다. 이는 추후 생산 공정상 문제가 생겼을 때 책임 소재를 따지는 중요한 기준이 된다. 작업지시서에 기획자가 의도하는 바를 정확하게 기재하지 않으면, 의도

그림 3-17 네덜란드 디자인 아카데미 졸업작품전(2010)

한 바와는 전혀 다른 옷이 나올 수 있다. 수정을 거칠 때마다 비용은 계속 증가하기 때문에 정확하게 작성된 작업지시서는 필수이다.

브랜드에서는 샘플작업지시서와 메인작업지시서를 각각 구분해서 작성한다. 샘플작업지시서에는 메인작업지시서만큼의 작업지시가 이루어질 필요가 없기 때문에 양식도 단순하다. 샘플작업지시서에는 샘플 제작에 꼭 필요한 내용만 기재해서 샘플 만드는 곳으로 보내면 된다. 샘플이 한 번에 완벽하게 나오지 않는다면 수정을 거치게 되는데, 모든 수정사항은 샘플작업지시서에 작성해야 한다.

(2) 원단과 부자재 구입

상품의 성패를 좌우하는 직접적인 요소 중 하나는 원단과 부자재이다. 디자인에 적합한 원단과 부자재 사용은 디자인의 완성도를 높여주는 중요한 역할을 한다. 그래서 규모가 큰 브랜드, 특히 아이템과 디자인의 수가 다양한 여성복 브랜드들은 소재디자인실을 별도로 구축해놓고 있다. 이들은 디자인실에서 넘어온 작업지시서를 보고, 최적의 원단과 부자재를 매칭해서 제작을 진행시키는 업무를 담당하고 있다.

원단

원단 구입을 위해 업체들을 찾아다니다 보면 자기 브랜드에 맞는 원단업체가 종류별로 나누어져 있다는 것을 알게 될 것이다. 원단업체들은 크게 내수시장을 상대하는 업체와 해외시장을 상대하는 업체로 나누어진다. 자신들이 직접 원단을 기획해서 판매하는 업체들도 있고, 생산공장과 계약을 맺고 개발 없이 판매만 하는 업체들도 있다. 보통 내수시장을 상대로 하는 원단업체들은 서울

작업지시서 (상)

납기 :

STYLE NO.	품명	발주량	생산처	임가공	ASSORT								
					COLOR \ SIZE								TTL
소재 NO.													
원단구입처													
규격													
단가													
요척													

<table>
<tr><td colspan="5"></td><td colspan="6">완성제품치수</td></tr>
<tr><td></td><td></td><td></td><td></td><td></td><td>COLOR \ SIZE</td><td></td><td></td><td></td></tr>
<tr><td></td><td></td><td></td><td></td><td></td><td>어깨</td><td></td><td></td><td></td></tr>
<tr><td></td><td></td><td></td><td></td><td></td><td>가슴둘레</td><td></td><td></td><td></td></tr>
<tr><td></td><td></td><td></td><td></td><td></td><td>허리둘레</td><td></td><td></td><td></td></tr>
<tr><td></td><td></td><td></td><td></td><td></td><td>힙둘레</td><td></td><td></td><td></td></tr>
<tr><td></td><td></td><td></td><td></td><td></td><td>상의기장</td><td></td><td></td><td></td></tr>
<tr><td></td><td></td><td></td><td></td><td></td><td>소매기장</td><td></td><td></td><td></td></tr>
<tr><td></td><td></td><td></td><td></td><td></td><td>소매단</td><td></td><td></td><td></td></tr>
<tr><td></td><td></td><td></td><td></td><td></td><td>소매통 (100 size 기준)</td><td></td><td></td><td></td></tr>
</table>

대표이사
실장
MD
팀장
디자이너

부 자 재

품 목	내 용	색 상	요 척	업 체
단추				
라벨				
케어라벨				
드라이취급				
봉사				
심지				
폴리백				
단추				

[세부사항]

[라벨 부착 방법]

혼용율	겉감		안감	
			배색	

그림 3-18 메인작업지시서 상의 양식

작업지시서 (하)

납기 :

STYLE NO.	품명	발주량	생산처	임가공	ASSORT						대표이사
					COLOR \ SIZE					TTL	
소재 NO.											실장
원단구입처											
규격											
단가											M D
요척											

완성제품치수

COLOR \ SIZE	74	78	82	86	90	94	편차	팀장
허리둘레								
힙둘레								디자이너
허벅지								
무릎								
부리								
앞시리								
뒷길이								
인심							–	

부 자 재

품 목	내 용	색 상	요 척	업 체
단추				
속단추				
고시우라				
배색감				
주머니속				
심지				
벤놀심				
벤놀테이프				
지퍼				
마이깡				
다데테이프				
봉사				
라벨				
헹거				
케어라벨				
드라이취급				
폴리백				
특수부자재				
FIT택				
택 SET				

혼용율	겉감		안감	
			배색	

그림 3-19 메인작업지시서 하의 양식

동대문에 위치한 원단종합시장에 많이 자리 잡고 있다. 이들은 브랜드에 직접 방문해서 영업을 하지는 않고, 매장에 자신들의 원단 상품을 비치해서 판매하는 시스템으로 운영한다. 물론 브랜드를 상대로 직접 영업을 나가는 곳도 있지만, 원단 컨버터라고 불리는 업체들이 중간에서 대신 영업을 하는 경우가 더 많다. 내수시장을 상대로 하는 원단업체들은 공장이 대구에 위치한 경우가 많다. 지금은 섬유산업이 많이 위축되었다고는 하지만 여전히 우리나라 최대의 섬유공장이 위치한 곳이 바로 대구와 경상북도 지역이다. 국내에서 생산원가를 맞추기 힘든 업체들은 중국에 생산공장을 가지고 있는 경우도 많다.

수입원단만 취급하는 업체들도 있다. 여기서 말하는 수입원단이란 대부분 일본과 유럽산을 말하는 것으로, 이들을 다루는 업체들은 원단의 기획과 생산은 담당하지 않고 영업만 한다. 원단의 가격이 높기 때문에 많은 브랜드가 이들과 거래하지는 않는다. 아이템과 디자인이 여성복에 비해 비교적 적은 남성복 업체들이 주로 거래한다. 슈트 같은 경우 디자인 확장의 한계가 명확하기 때문에 원단의 품질이 곧 경쟁력이 되는 경우가 많다.

부자재

의류 부자재 업체들도 원단과 마찬가지로 내수시장과 해외시장을 상대로 하는 업체들로 나누어진다. 내수시장을 주로 상대하는 업체들은 서울의 동대문과 신설동, 신당동, 용두동 등에서 매장을 직접 운영하며 영업하고 있다. 자신들이 직접 개발한 부자재 디자인으로 브랜드에 영업을 하는 형태와, 의뢰를 받아서 제작해주는 형태로 나누어져 운영되는데, 대부분의 부자재 업체는 두 가지 영업방법 모두를 진행하고 있다. 물론 최소 생산수량이 정해져 있기 때문에 생산을 의뢰할 정도의 물량이 아니라면 이미 만들어져 있는 기성품을 구입해서 사용하게 하며, 필요한 경우 자신들이 직접 찾아 제공하기도 한다. 특별한 디자인의 부자재가 아닌 기본적인 의류 부자재들은 이미 대부분 기성품으로 나와 있어 큰 문제는 없다.

(3) 패턴 및 샘플 제작

앞서 메인 상품을 제작하기 위해 미리 샘플을 제작하는 과정을 거친다고 여러 번 설명했다. 그렇다면 왜 꼭 샘플 제작 단계를 거쳐야 하는 것일까? 샘플 단계에서는 옷의 피팅감을 수정하거나 디자인의 디테일을 수정하는 작업이 가능하기 때문이다. 그리고 원단과 부자재가 디자인에 적합한지를 확인하고 필요하다면 교체할 수 있기 때문이다.

이렇게 제작된 샘플은 룩북 촬영이나 미디어 홍보 혹은 바이어들을 상대로 하는 스튜디오 세일즈에 필요하기 때문에 샘플이라고 해서 제작을 쉽게 생각해서는 안 된다. 메인 상품의 제작만큼 신중을 기해야 하는 일이다. 화장품을 구매할 때를 떠올려보자. 샘플을 먼저 써보고, 만족스럽다면 구매하는 것처럼 잘 만들어진 샘플은 메인 상품의 성공적인 판매가 이루어지게 하는 중요한 역할을 한다.

패턴

옷을 만들기 위한 설계의 단계가 바로 패턴 제작이다. 옷본이라고도 하는 패턴을 뜨는 직무를 가진 사람들이 바로 모델리스트(패턴사)이다. 상품 기획자(디자이너)에게 모델리스트만큼 패턴 관련 지식이 필요한 것은 아니지만, 어떤 원리로 옷이 만들어지는지에 대한 구조적인 이해를 위해 기초적인 패턴 지식은 반드시 가지고 있어야 한다. 자체 모델리스트가 있다면 해당되지 않겠지만 보통은 패턴을 외부업체에 의뢰하기 마련이다. 워낙 디자인에 따라 다르기 때문에 '이 패턴은 얼마!'라는 식의 정해진 것은 없지만, 보통 재킷은 기본 디자인의 경우 7만 원 내외(2018년 기준), 그레이딩은 추가로 금액의 몇 % 식으로 책정해서 가격을 정하거나 사이즈별로 가격을 정해놓은 업체들이 있다. 스커트 같은 경우에는 5만 원 내외(2016년 기준) 정도가 일반적이다. 여기에 패턴사 개인의 역량이나 경력에 따라 비용이 더해지며 디자인 난이도에 따라서도 가격이 달라진다. 생산공장에 따라 자체 패턴사와 재단사를 두고 상품 생산을 전제로 패턴을 제작해주기도 하는데, 이는 제작한 패턴이 메인 상품이 되어 반드시 생산된다는 전제 아래 이루어진다. 물론 샘플 제작한 아이템을 모두 메인 상품으로 진행시키는 것은 아니다. 막상 샘플로 제작하니 생각했던 것만큼 상품가치가 없다면 해당 아이템은 거기서 끝내기도 한다. 그래서 보통 자체 샘플 제작이 가능한 공장에 10개 정도의 샘플 제작을 의뢰하고 5~6개 정도의 아이템만 메인 제작을 진행하더라도 큰 문제는 없다. 다만, 이보다 적은 수량으로 샘플 제작을 한다면 경우에 따라 샘플 제작이나 패턴비용이 청구되기도 한다.

샘플 제작

상품 기획에서 샘플 제작은 굉장히 중요한 단계이다. 샘플은 추후 생산될 상품의 미리보기이기 때문이다. 공장에서도 상품 생산 시, 샘플을 걸어두고 참고하기 때문에 제대로 된 샘플 제작은 필수이다. 일정 규모 이상의 패션브랜드들은 자체 모델리스트 외에도 샘플 제작을 담당하는 샘플사를 기획실 소속으로 배치하고 있다. 이들이 기획실에 소속되어있는 이유는 상품 기획부서의 인원들과 유기적으로 일을 진행할 수 있도록 하기 위함이다. 이들은 수시로 소통하며 상품의 완성도를 높이기 위해 노력한다. 패턴 제작과 샘플만 전문으로 만들어주는 업체도 있다. 패턴 제작과 샘플 제작이 모두 가능한 업체도 있고, 각각의 업체가 다른 경우도 있다. 따라서 자신의 상황에 맞게 업체를 선택해서 거래하면 된다.

여러분이 명심해야 할 것이 한 가지 있다. 메인 상품의 품질은 항상 샘플보다 못하다는 것이다. '메인 상품이 샘플보다 못하다고? 그게 무슨 소리지?' 하고 생각하는 사람들도 분명 있을 것이다. 상식적으로도 샘플은 중간과정이고 메인은 최종 단계이기 때문에 최종 단계의 완성도가 더 높아야 한다. 샘플은 최종 단계의 완성도를 높이기 위한 과정이기 때문이다. 물론 샘플과 동일한 품질의 메인 생산품을 생산할 능력을 가진 공장도 있을 것이다. 그런데 거의 찾기 힘들다고 생각하면 된다. 100개 중 하나의 확률이랄까? 샘플 제작은 대부분 한 명의 숙련공에 의해 이루어진다. 재단부터 마무리까지의 모든 과정을 한 명이 직접 한다. 품평회를 앞두고 있는 등의 특별한 경우를 제외하고는 시간에 쫓기지도 않는다. 하루에 한 개 정도의 샘플 제작이 가능하다면 충분하다. 그렇기 때문에 만들고 있는 한 개의 샘플에만 집중할 수 있다. 봉제 공정상 부족한 부분이 발생하면 과정 중에 수정과 보완을 반복할 수 있다. 작업성과 효율만을 따지는 생산공장에서는 불가능한 일이다.

결론적으로 샘플의 품질은 무조건 메인 상품의 품질보다 높다는 공식이 성립된다. 그렇기 때문에 샘플이 최상의 품질로 만들어지게 해야 한다. 기획의도대로 샘플이 정확하게 만들어지지 않았다면 추가로 샘플을 만들더라도 최대한 원하는 의도에 가깝게 만들도록 하자. 그래야 메인 상품의 품질 완성도도 높아진다.

(4) 수정

샘플이 완성되면 완성도를 높이기 위해 다양한 수정 단계를 거치게 된다. 피팅감은 의도한대로 제작되었는지 확인하고 특정 부분의 작업성이 떨어져서 생산비용을 올리는 원인으로 작용할 수 있다면 수정을 고려하기도 한다. 원단과 부자재가 기획의도에 부합하지 않는다면 대체 원단과 부자재로 교체가 이루어지기도 한다. 수정된 샘플을 가지고 패턴의 보정도 이루어졌다면 최종 생산을 위한 준비가 끝나게 된다.

(5) 메인 상품 생산

몇 가지 사이즈를 진행할지 결정하고 패턴의 사이즈 그레이딩(Grading)을 진행한다. 사이즈별 생산 수량을 결정해서 상품의 제작을 위해 결정된 생산처에서 생산한다. 이때 샘플 제작이 이루어진 생산처에서 메인 상품의 생산까지 같이 진행하는 경우라면, 샘플에서 수정된 사항을 작업지시서에 꼼꼼하게 작성해서 넘겨야 한다. 절대 구두상으로 지시하거나 작업지시서 이외의 수단으로 내용을 전달해서는 안 된다. 모든 완성된 작업지시서는 복사해서 생산처와 의뢰자가 각 한 부씩 가지고 있어야 하며 두 부는 동일한 내용을 담고 있어야 한다. 의외로 생산과정에서 문제가 발생해서 책임소재를 따져야 하는 경우가 많이 발생한다. 작업지시서는 이러한 문제들이 발생했을 때 해결에 중요한 역할을 하기도 한다.

사입업체가 아니라면 생산에 필요한 모든 원단과 부자재들이 차질 없이 생산공장에 납품되었는지도 관리해야 한다. 자체 공장이 아니라면 대부분의 공장은 여러 브랜드의 생산 의뢰를 받아 운영하게 된다. 물론, 여러 브랜드 제품을 동시에 생산하지는 않지만 일정을 조율해서 순서대로 생산하는데 만약 정해진 생산기간에 맞춰서 원단과 부자재가 납품되지 않는다면 원하는 일정에 맞추어 생산하는 것은 불가능하며, 최악의 경우 생산 일정이 뒤로 밀리기도 한다. 생산 일정이 뒤로 밀린다는 것은 단순히 생산 소요기간이 늘어나는 것으로 끝나는 일이 아니다. 기획 단계에 있는 모든 상품은 시장에 출고되는 시기가 정해져 있을 것이다. 판매를 위한 최적의 시간은 극도로 제한적이다. 패션상품은 시간적인 제약을 굉장히 많이 받는 특수성을 가지고 있다. 최상의 판매 결과를 얻기 위해서는 생산이 한 치의 오차 없이 이루어져야 한다. 단추 하나, 지퍼 하나의 납품도 늦어

저서는 안 된다. 공장은 모든 준비가 완료되기 전에 절대 생산에 들어가지 않는다. 1단계부터 10단계까지의 생산 공정 중에서 2단계의 준비가 빠져 있다면 3단계를 먼저 진행하고 추후 준비가 되면 2단계를 진행하는 식으로는 생산하지 않는다. 생산 공정에는 많은 업체들의 협업이 이루어진다. 따라서 모든 단계의 준비가 정확하게 이루어질 수 있도록 철저하게 관리해야 한다.

(6) 출고

생산이 완료된 상품들은 검사를 거친 후 판매처로 보내진다. 이때 생산되는 제품의 품질에 문제가 없는지 살펴야 한다. 수량이 적다면 전수 검사를, 수량이 많다면 샘플 검사를 반드시 해야 한다. 만일 상품이 공장에서 판매처로 모두 출고된 후 문제가 발생한다면 상품 회수와 재검사 등의 과정을 추가로 거쳐야 하며, 비용도 함께 증가하고 판매를 위한 최적의 시기를 놓치게 되어 결과적으로 상품 판매에 악영향을 미치게 된다. 생산품질검사는 어떠한 생산방식이든 예외 없이 거쳐야 한다. 사입업체의 경우 자체적으로 검사를 진행하지만 최종적인 책임은 의뢰자가 지기 때문에 반드시 진행해야 하는 과정이다.

5 영업 및 판매

상품을 판매하는 방법은 다양하다. 우리는 그것을 유통방법이라고 부르기도 한다. 앞서 생산 단계까지는 철저하게 짜여진 전략과 숫자가 중요한 역할을 담당했다면, 판매에서는 인간관계가 굉장히 중요한 역할을 한다. 물론 판매 전략이 필요 없다는 말은 아니다. 하지만 영업의 성패를 좌우하는 것이 바로 인간관계다. 여기서 말하는 인간관계란 기획자와 소비자와의 관계, 혹은 판매사원과의 관계를 말한다. 그럼 지금부터 그 이유를 살펴보도록 하자.

여러분이 기획한 상품의 유통을 멀티브랜드스토어(편집매장)에서 전개한다고 가정해보자. 멀티브랜드스토어는 백화점처럼 개별 브랜드에 일정한 공간을 제공해주고 그 안에서 판매가 이루어지도록 해주는 '숍-인-숍'의 개념이 아닌, 매장 자체가 자신만의 콘셉트를 가지고 브랜드화되어있으며, 매장 콘셉트에 부합하는 개별 브랜드를 선별해서 입점시킨다. 하나의 브랜드에서 다양한 컬렉션을 선보이는 것과 유사한 개념이라고 생각하면 이해가 빠를 것이다. 입점 브랜드들은 보통 한 개에서 두 개 정도의 행거(Hanger)를 제공받기 때문에 판매할 수 있는 아이템의 숫자는 제한적이다. 그래서 상품 기획 규모가 적은 디자이너 브랜드들이나 자신들이 직접 선별적으로 수입한 해외 브랜드들로 매장을 구성한다. 입점 브랜드들은 자신들의 판매사원을 별도로 고용할 필요가 없다. 매장에서 직접 판매사원들을 고용해서 영업을 담당하게 한다. 브랜드에서는 상품의 입고와 출고나 재고관리 정도만 담당해주면 된다. 판매는 매장에 전적으로 위임하면 된다. 그렇다면 배정받는 행거의 숫자나 위치는 누가 정할까? 만약 소비자가 특별히 찾는 상품이 있어서 판매사원에게 해당 상품에 대해 문의한 상황이고 두 개 이상의 브랜드에서 유사한 디자인의 상품을 행거에 걸어놓고 있다면 영업사원은 어떤 브랜드의 상품을 추천할까? 대부분의 판매사원들이 개인적으로 좋아하는 브랜드의 상품을 추천할 것이다. 그렇다면 상품의 품질이 좋으면 좋아하는 브랜드가 되는

그림 3-20 GAP 키즈 매장 디스플레이

그림 3-21 남성 트레디셔널 캐주얼 브랜드 디스플레이

것일까? 아니다. 이들은 자신이 개인적으로 친밀하게 인간적인 유대관계를 가진 브랜드를 더 많은 관심과 애정으로 대할 것이다. 혹시라도 이들과의 관계나 나쁘다면? 결과는 너무 뻔하지 않을까?

디자이너 브랜드, 특히 이제 막 비즈니스를 시작한 디자이너들은 영업의 중요성을 간과하는 경우가 많다. 판매는 영업현장에서 이루어진다. 사무실에서 이루어지는 것이 아니다. 명심하고 또 명심하자. 위탁매장이라고 해도 수시로 매장을 찾아가서 브랜드에 대한 판매사원들의 의견에 귀 기울여야 한다. 늘 웃으면서 그들을 존중하고 개인적인 이야기도 나누면서 관계를 돈독하게 하도록 하자. 백화점도 마찬가지다. 백화점의 판매사원은 판매한 만큼 수수료를 받아가도록 고용된 경우나 급여를 지급받도록 고용된 경우로 나누어지기 때문에 고용의 형태에 따라 관계 유지를 조금 더 신중하고 노련하게 해야 하겠지만, 같은 이치로 접근하면 된다.

상품을 판매하는 경로는 다양하다. 새로운 방법도 지속적으로 등장하고, 기존의 방법도 유통환경의 변화에 맞춰서 지속적으로 변화한다. 따라서 브랜드의 특성에 적합한 유통방법을 선택하는 것이 무엇보다 중요하다. 유통망에 따라 소비자가 달라지기 때문이다. 유통방법은 크게 소매(Domestic sales)와 도매(Whole sales)라는 두 가지 형태로 분류된다. 소매는 브랜드가 소비자를 직접 상대하는 거래이고, 도매는 브랜드와 소비자 사이에 바이어라고 하는 중간과정을 거치는 거래라고 보면 된다. 소매는 또 판매 형태에 따라 직접판매와 간접판매로 나누어지는데 도매 역시 판매 형태에 따라 수주박람회, 스튜디오 세일, 도매시장 등으로 나누어진다.

1) 소매유통

직접판매는 자신이 직접 매장을 임차해서 판매사원을 고용하고 판매하는 형태로, 가두 매장의 단독 브랜드 매장이 이에 해당된다. 기존에 이미 구축된 판매망에 입점과 판매의 대가로 일정한 수수료를 지불하고 판매를 의뢰한다면 간접판매라고 볼 수 있는데, 백화점이나 멀티브랜드스토어의 경우가 간접판매에 해당되며 이를 위탁판매라고 부르기도 한다.

직접판매의 장점은 브랜드가 모든 판매과정을 직접 관리·감독한다는 것이다. 판매사원에 대한 교육 및 관리도 직접 담당하고 상품 기획 콘셉트와 판매 전략을 동일하게 가져갈 수 있어서 브랜드 이미지 관리에 도움이 된다. 단점은 초기 투자비용이 높고 고정 지출이 존재한다는 것이다. 매장 구성을 위해 드는 모든 비용을 직접 부담해야 하고, 판매사원의 인건비와 매장 임대료 역시 브랜드가 직접 부담해야 한다. 고정적으로 지출이 발생하기 때문에 매출이 매장 운영을 위한 최소 비용 이하로 떨어지면 브랜드 운영에 심각한 타격을 입을 수 있다. 하지만 고정 운영비용은 정해져 있기 때문에 매출 규모가 최소 운영비용 이상으로 얼마를 상회하든 비례해서 늘어나지는 않는다. 그렇기 때문에 매출의 규모를 크게 가져갈 수 있는 상황이라면 상당한 이점이 있는 형태다.

간접판매의 경우에는 백화점과 멀티브랜드스토어에서의 판매가 이에 해당된다. 이 경우 판매를 위한 모든 시스템과 시설이 갖추어져 있고, 판매는 물론이고 브랜드와 별도로 홍보와 마케팅도 담당하게 된다. 경우에 따라 브랜드에서 원하지 않는 홍보와 마케팅 비용까지 강제 청구하는 경우도 있으니, 입점 계약 단계에서 관련 사항을 꼭 확인하도록 한다. 간접판매의 장점은 고정비용 지출이 직접판매보다 훨씬 적다는 점이다. 상품 판매가 이루어지면 판매 금액의 일정 부분을 수수료로 지급하는 방식이기 때문에, 재정적으로 넉넉하지 못한 소규모 브랜드나 개인 디자이너 브랜드가 하기에 적합한 방식이다. 하지만 매출이 늘면 지급해야 하는 수수료 역시 정해진 비율대로 비례해서 함께 증가하기 때문에 판매 형태는 신중하게 결정해야 한다. 브랜드의 규모를 초기에 빠르게 확장하는 데는 적합하지만, 일정 수준 이상으로 확장한 후에는 직접판매의 방법을 병행하는 영업전략이 필요하다.

2) 도매유통

이 판매방식에서는 브랜드가 소비자들을 직접 상대할 필요가 없다. 유통망을 이미 가지고 있는 회사들이 자신의 유통망에서 판매할 목적으로 디자이너나 브랜드의 상품을 직접 구매한 후 여기에 다시 일정한 마진을 붙여서 소비자들에게 판매하는 방식이기 때문이다. 상품을 기획하는 디자이너나 브랜드의 입장에서는 생산 수량을 정할 때 바이어가 필요로 하는 수량만큼만 제작하면 되므로 불필요한 상품을 생산할 필요가 없고 남는 재고에 대한 부담이 없기 때문에 선호된다. 또 소비자들을 상대로 하는 사후 관리에 대한 부담도 적은 편이다. 판매가 이루어지지 않은 상품에 대한 처리의 책임 역시 유통회사가 전적으로 지기 때문에 유통회사의 입장에서는 결코 유리하지 않은 방식이지만, 유럽이나 일본에서는 보편화되어있다. 이들 국가의 백화점 등에서 시즌이 끝날 때마다 적게는 50%에서 많게는 90%에 가깝게 가격 할인을 진행할 수 있는 것도 유통회사가 상품을 직접 바잉하는 구조이기 때문에 가능하다. 시즌 내에 팔리지 못한 재고는 모두 유통회사의 몫이 되기 때문이다. 따라서 우리나라의 디자이너 및 브랜드들도 직접 해외의 수주박람회에 참가해서 비즈니스를 하고 있으며, 이러한 노력의 결과로 해외 바이어들의 국내 브랜드에 대한 주문량이 지속적으로 증가하고 있다.

　　우리나라의 경우에도 이 같은 도매유통의 방식을 취하는 경우도 있다. 바로 서울의 동대문을 기반으로 하는 '도매시장'이다. 이 시장은 주로 국내 바이어들을 주고객으로 하는데, 중국이나 일본의 바이어들과 거래하는 브랜드들도 많이 있다. 한류 열풍 등에 힘입어 중국 바이어들이 짧은 기간에 급격하게 증가했지만 최근에는 중국 내에서도 동대문도매시장과 유사한 구조를 가진 시장이 많이 생겨나고 활성화되면서 바이어들의 수가 점차 줄어드는 추세이다.

　　도매유통 시 상품의 가격은 바이어들이 소매가격으로 재판매할 수 있도록 책정되어야 한다. 단순하게 도매와 소매의 최종 판매 가격만을 비교해보면, 도매의 이윤이 소매에 비해 많이 적다고 생각할 수 있다. 실제로 소매유통을 상대로 하는 브랜드와 비교해서, 도매유통 브랜드들은 상품의 마진율이 상대적으로 적다. 하지만 이는 판매를 위한 중간 단계들이 모두 반영되어있느냐 없느냐의 차이이기 때문에 중간 단계가 없는 도매유통의 브랜드들은 재정적인 위험 부담이 소매유통 브랜드보다 훨씬 낮다. 또 인지도가 높고 판매능력이 뛰어난 바이어들과 거래하면 이들의 인지도를 활용해 손쉽게 브랜드 홍보와 마케팅 효과를 얻을 수 있다. 자신의 브랜드를 소비자에게 알릴 좋은 기회를 만들 수 있는 것이다. 상품을 선택하는 기준이 까다롭기로 유명한 몇몇 바이어로부터 주문을 받는다면 바이어에 대한 소비자의 신뢰도가 함께 상승할 수 있다는 것도 큰 장점이다.

그림 3-22 헬싱키 디자인포럼 '프레쉬&패션'의 매장(2012)

소매유통과 도매유통, 어느 쪽을 택하든 장단점은 명확하다. 사업의 형태나 규모에 따라 신중하게 결정해야겠지만, 한 가지 명심할 점은 현재의 상황에 너무 얽매여 유통망을 결정해서는 안 되며 앞으로 사업을 어떤 형태로 키워나갈지 반드시 고려해야 한다는 것이다. 지금의 상황이 앞으로도 계속되리라는 보장이 어디 있겠는가. 어느 한쪽을 선택한다면 추후 다른 쪽으로 사업 영역을 이동시키거나 확장시키는 것이 결코 쉽지 않을 것이다. 소매와 도매는 상품 기획의 접근방법부터 완전히 다르다. 소매에 최적화된 기획방식은 절대 도매에서 성공할 수 없다. 반대도 경우도 마찬가지다. 따라서 이는 신중하게 결정해야 할 일이다.

6 홍보와 마케팅

브랜드나 디자이너의 이미지는 초기에 결정되기 마련이다. 이때 미디어와 소비자들에게 브랜드 고유의 메시지를 명확하게 전달하는 것이 중요하다. 처음 인식된 이미지는 각인되어 끝까지 따라붙는다. 따라서 럭셔리, 캐주얼, 빈티지, 영, 올드, 컨템포러리, 클래식 등 다양한 이미지 중에서 브랜드나 상품이 어떠한 이미지를 가졌으면 하는지 처음부터 분명하게 결정해야 한다. 홍보와 마케팅은 정해진 이미지를 소비자에게 전달하는 역할을 한다. 홍보 및 마케팅을 위한 방법은 무궁무진하며 끊임없이 변화하고 있다.

소비자들은 물품 구매행동을 하는 데 있어 일정한 패턴에 따라 움직이는 경향을 보인다. 먼저 특정한 물품의 필요성을 인지한다. 그다음 최선의 선택을 위해 유사 물품 간의 여러 정보들을 찾아내서 비교하기 시작한다. 그중 몇 가지를 선별해서 후보리스트에 올린 후 최종적으로 구매할 물품을 결정해서 구매하고 사용한다. 우리는 이를 소비자 구매성향이라고 부른다. 다음은 이러한 구매성향을 순서대로 정리해본 것이다.

1) 소비자 구매행동 패턴

(1) 인지
이미 사용하고 있던 물품이 수명을 다하거나 필요한 물품이 없음을 인지할 때 물품 구매의 필요성을 느끼게 된다.

(2) 리서치
광고나 웹사이트, 지인의 추천 등을 종합해서 필요 물품에 대한 정보를 수집한다.

(3) 비교
해당 물품을 판매하는 매장에 직접 가서 쇼윈도에 진열된 상품을 비교하거나 가능하다면 테스트한다. 온라인상에서 이미 해당 물품을 구매한 사람들의 후기를 살펴보고, 더 많은 정보들을 찾고, 구매 후보 물품을 결정한다.

(4) 구매
최종적으로 구매의사가 생긴 물품을 결정하고 구매한다.

(5) 사용

물품을 사용한다. 한 가지 주목할 점은 구매가 완료되었음에도 불구하고, 소비자들은 자신이 구매한 상품에 대한 확신을 갖기 위해 지속적으로 정보 리서치를 하는 경우가 많다는 것이다. 따라서 이들에게 자신의 구매행동이 합리적이었다는 믿음을 심어주는 것이 중요하다. 이는 브랜드 상품에 대한 재구매로 이어지게 하는 중요한 역할을 한다. 소비자의 구매행동에 대한 이해는 특히 소매유통을 위주로 하는 상품 기획이 이루어졌을 때 꼭 필요하다. 반면 도매유통을 위주로 하는 상품이라면 바이어의 구매행동에 대한 이해가 더 중요하다.

2) 바이어 구매행동 패턴

(1) 리서치

관심 있는 브랜드나 디자이너에 대한 룩북, 보도자료 등의 정보를 수집한다. 어떤 수주 박람회에 참가하는지 확인해서 직접 부스를 방문하고 대화를 나누어본다.

(2) 브랜드 및 상품 평가

거래하고자 하는 브랜드들을 선별해서 리스트에 올린 후, 해당 브랜드와 거래한 경험이 있는 바이이들에게 업체에 대한 평가를 부탁한다. 평가에는 거래를 위한 신뢰도 및 상품의 품질과 재정 상태 등을 포함한다.

(3) 주문

주문을 진행할 업체와 개별적으로 접촉하여 직접 상품을 주문(Order)한다. 바이어가 주문한 상품의 성공적인 판매가 재주문을 위한 가장 큰 조건이겠지만, 바이어가 자신의 선택이 틀리지 않았음을 확신할 수 있도록 지속적인 관리가 필요하며 브랜드의 이미지와 인지도를 높일 수 있는 다양한 홍보·마케팅을 진행해서 판매를 도와야 한다. 디자이너라면 패션쇼를 개최하는 것도 도움이 된다.

(4) 재주문

첫 번째 주문에서 만족할만한 성과를 내었다면 바이어는 재주문(Re-order)을 하게 된다. 판매량이 비록 많지 않았다고 해도 장기적인 관점에서 브랜드의 성공을 확신한다면 바이어는 재주문을 진행할 것이다. 한 번의 거래는 시작에 불과하다. 매 시즌 지속적인 주문을 하는 백화점도 마찬가지이다. 백화점 판매사원의 고용 형태는 판매한 만큼의 수수료를 받아가는 형태, 급여 지급 형태로 나누어지기 때문에 해당 판매사원의 고용이 어떤 형태인지에 따라 조금씩의 차이가 있겠지만, 상생이 가능하도록 장기적인 관점에서 바이어를 관리해야 한다.

3) 홍보자료

효과적인 홍보 마케팅을 위해서는 홍보자료를 준비해야 한다. 이때 홍보하고자 하는 대상에 최적화된 홍보물을 준비하는 것이 중요하다. 대상의 범위를 구체화시키지 않으면 불필요한 지출이 늘어나며 홍보·마케팅의 효과도 떨어진다.

4) 룩북

그림 3-23 디자이너 데이빗 존스 컬렉션(2013 F/W)

패션브랜드에게 있어 가장 기본이 되는 홍보자료가 바로 룩북(Look book)이다. 룩북은 시즌 상품의 라인업이나 캠페인 등을 미디어나 바이어, 그리고 소비자에게 소개하는 역할을 한다. 룩북을 만드는 데 있어 정해진 규격이나 제작방법이 있는 것은 아니다. 브랜드의 콘셉트에 맞게 기획해서 전달하고자 하는 이미지를 담아내는 것이 중요하다. 그래서 모델 선정에도 신중해야 한다. 같은 옷이라도 입는 모델이 누구냐에 따라 전달되는 이미지가 많은 차이를 보이기 때문이다. 패션쇼 참가 브랜드나 디자이너라면 컬렉션의 이미지를 룩북에 많이 사용하는 것도 좋은 방법이다. 쇼에 사용된 무대장치와 모델의 헤어 및 메이크업 등의 이미지가 바로 브랜드가 전달하고자 하는 이미지이기 때문이다.

룩북에는 반드시 들어가야 하는 내용이 있다. 사진은 물론이고, 각 상품의 품번과 간략한 제품 설명이 들어가 있어야 한다. 가격은 별도로 표기하지 않아도 무방하지만, 만약 표기한다면 소매가격을 넣어야 바이어와 소비자 모두에게 적용 가능하다. 브랜드 연락처와 자체 웹사이트가 있다면 웹사이트 주소, 현재 전개 중인 유통망의 상세 정보를 꼭 넣도록 하자.

5) 사진

패션은 보이는 것이 전부인 분야라고 해도 과언이 아니다. 그래서 사진 작업은 특히 신경을 써야 하는 부분이다. 그렇다고 해도 촬영에 비싼 비용이 드는 인지도가 높은 사진작가를 꼭 쓸 필요는 없다. 물론 인지도가 높은 작가는 그만큼 높은 퀄리티의 사진을 담보하겠지만, 사진작가들의 경우 각자의 콘셉트와 선호 이미지가 있다. 아무리 실력 있는 작가와 작업한다고 해도 그가 추구하는 콘셉트와 본인이 의도하는 콘셉트가 다르다면 무슨 의미가 있겠는가? 헤어와 메이크업, 모델, 촬영장소 선정도 같은 맥락에서 결정해야 하는 중요 요소들이다.

시행착오 없이 매끄럽게 사진 촬영을 하고자 한다면, 사전 준비가 반드시 필요하다. 먼저 사진의 용도를 분명하게 해야 한다. 바이어를 위한 사진이라면 전체적인 디자인이나 디테일, 왜곡 없는 색상이 정확하게 전달되어야 한다. 하지만 소비자를 대상으로 하는 사진이라면 전체적인 콘셉트 이미지 전달과 스토리텔링에 집중하는 편이 효과적이다. 매력적인 이미지를 보여주는 사진은 소비자들이 매장에 직접 들어와서 상품을 확인할 수 있게 하는 훌륭한 역할을 담당할 것이다. 촬영을 위한 착장은 미리 정확하게 맞추어서, 촬영장소에 도착해서 스타일링에 불필요한 시간을 들이지 않게 해야 한다. 또 상품 기획 단계에서 참고했던 다양한 리서치 자료들을 정리해서 보드로 만들어가도록 한다. 작가가 촬영 중에 보드의 이미지를 참고하여 촬영하면 브랜드가 전달하고자 하는 콘셉트를 보다 명확하게 전달하는 데 도움이 될 것이다.

6) 태그

모든 상품에는 가격, 품번 등이 안내된 태그(Tag)가 부착되어있어야 한다. 태그는 단순히 기본적인 정보의 안내 기능만 담당하는 것이 아니다. 상품 디자인의 일부분이기도 하고, 브랜드 홍보의 중요한 수단이기도 하다. 특히 소매유통의 경우에는 판매 가격의 표시를 태그에 하는 것이 일반적이기 때문에 반드시 부착해야 하고, 도매유통의 경우에도 기재된 내용은 다르지만 반드시 부착하는 것이 좋다. 도매 거래를 위한 태그에는 해당 상품이 몇 가지 컬러로 출시되는지, 납품가격은 얼마이고 소재와 사이즈 전개는 어떻게 되는지 기재하면 바이어들이 주문하는 데 도움을 줄 수 있다.

태그는 옷의 디자인처럼 수시로 바꿀 수 있는 것이 아니다. 한 번에 적게는 수천 개부터 많게는 수만 개 단위로 제작하는 것이 기본이고, 특별한 이유가 없는 한 브랜드가 문을 닫을 때까지 계속 사용한다. 태그도 로고처럼 브랜드의 정체성을 보여주는 중요한 수단이기 때문에 디자인에 신중을 기해야 한다. 만약 꼭 필요한 이유 때문에 태그 디자인을 바꿔야 하더라도 이것만은 명심하자. 태그 디자인을 자주 바꾸는 것은 소비자의 신뢰도를 낮추는 부정적인 요인으로 작용할 수 있기 때문에 처음에 신중히 디자인해서 브랜드의 가치를 전달하는 최상의 퀄리티를 갖추도록 해야 한다.

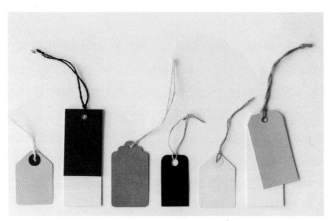

그림 3-24 다양한 태그

7) 라벨

소비자들은 상품의 라벨(메인, 케어)을 보고 브랜드를 확인한다. 이런 부분은 태그도 마찬가지이다. 다른 점이 있다면 라벨은 옷에 직접 부착되어있고, 태그는 외부에 부착되어있다는 것이다. 라벨의 종류에는 브랜드의 로고나 이름이 들어간 메인라벨과 제품의 품질관리방법이 들어간 케어라벨이 있다. 메인라벨은 보통 상의의 경우, 뒷목 부분에 부착되어있고 하의의 경우에는 허리 안쪽 부분에 부착되어있는 경우가 많다. 케어라벨은 옷의 안쪽 옆선 봉제라인에 맞물려 부착되어있는 경우가 많다. 어떤 브랜드들은 로고를 넣지 않거나 위치를 달리해서 부착하기도 하고, 케어라벨 역시 별도로 부착하지 않고 원단에 프린트해서 넣는 등 다양한 방법을 쓰는데 상황에 맞는 방법을 선택하면 된다. 라벨을 제작하는 전문업체들은 다양한 샘플을 가지고 있으니 상담을 하면 어떤 식으로 진행할지 결정하는 데 도움이 될 수 있다. 원산지 표기와 섬유검사확인필 표시도 케어라벨에 반드시 들어가야 한다. 특히 해외의 바이어에게 주문을 받았을 때, 원산지 표기는 각종 관세 부과 등의 기준이 되므로 꼭 필요하다.

8) 웹사이트

오프라인에서 쇼윈도가 디스플레이된 상품들로 소비자들의 관심을 유도한다면, 온라인에서는 웹사이트가 이 역할을 담당한다. 웹사이트에는 상품을 구매하고자 하는 소비자만 방문하는 것이 아니기에 이들의 구매를 도울 수 있는 정보만 소개할 필요도 없다. 브랜드에 관심이 많은 일반인, 기자, 바이어 등 브랜드 관련 정보를 원하는 다양한 사람들이 웹사이트에 방문한다. 그렇기 때문에 브랜드의 가치, 철학, 연혁, 활동 등 다양한 정보들을 상세하게 담아야 한다. 웹스토어를 구축했다면 웹사이트와 연동시켜서, 웹사이트에서 브랜드의 정보를 알아보고 웹스토어로 이동해서 상품을 구매하게 할 수 있다. 웹사이트와 웹스토어를 하나로 묶어서 정보의 습득과 구매가 동시에 이루어지게 하는 경우도 많다.

　　웹사이트나 웹스토어를 구축하는 것은 많은 시간과 노력이 필요한 일이지만, 단순히 시간과 노력을 들인다고 해서 가능한 일은 아니다. 관련 전문지식이 필요하기 때문에 비용을 지불하더라도 전문가에게 의뢰하는 것이 현명한 방법이다. 원하는 콘셉트를 전달하고, 구축을 위한 전체 예산 등의 기본 정보 등을 제공하면 해당 범위 안에서 제작을 해주기도 한다. 또 전문가가 가지고 있는 다양한 콘셉트의 기본 디자인을 소개해주고, 그 안에서 선택을 할 수도 있다. 완전히 새로운 디자인을 구축하는 것은 다른 브랜드의 웹사이트와 차별화할 수 있고 브랜드 고유의 정체성을 잘 표현할 수 있는 장점이 있는 반면, 비용이 많이 소요되고 기간도 오래 걸리는 단점이 있다. 반면 기본 디자인 중 하나를 선택해서 제작하는 경우에는 비용도 저렴하고 관리도 수월하며 제작에 소요되는 기간도 짧다는 장점이 있지만, 참신함이 떨어지고 유사 디자인을 가진 브랜드가 존재할 수 있으며 브랜드의 고유한 콘셉트를 전달하는 데는 어려움이 있을 수 있다. 두 방법 모두 장단점이 명확하기 때문에 필요에 따른 방법으로 제작하면 된다.

> · 브랜드의 콘셉트를 공유할 것
> · 브랜드가 사용하는 색조와 폰트를 동일하게 맞출 것
> · 이미지 선택 시 웹에 최적화된 것을 찾을 것
> · 특수효과를 지나치게 많이 사용하지 말 것
> · 페이지 간 이동이 쉽게 설계할 것
> · 가독성이 떨어지지 않도록 주의할 것
> · 직접 관리와 수정이 가능하도록 매뉴얼을 확보할 것
> · 향후 기능 추가가 가능하도록 기본 용량은 충분히 넉넉하게 확보해놓을 것

웹사이트 및 스토어 구축 시 주의할 점

9) SNS

트위터, 페이스북, 인스타그램, 유튜브, 플리커는 SNS(소셜네트워크서비스)를 제공하는 대표적인 업체들이다. 이들 서비스는 단순히 사용자의 일상을 소개하고 지인과 공유하는 소셜네트워킹의 기능을 넘어 소셜미디어의 역할을 담당하는 위치까지 올라왔다. SNS는 기술적으로는 웹 기반의 기술을 사용해서 개발한 양방향 콘텐츠로, 콘텐츠를 사이에 두고 양방향의 사람들이 교류할 수 있게 설계되었다. 현재 많은 분야의 기업이나 개인이 상업적인 목적을 가진 홍보채널로 SNS를 이용하고 있고, 이 같은 추세는 지속적으로 늘고 있다.

　　　　패션 분야는 다른 분야에 비해 조금 늦게 SNS를 광고와 홍보의 수단으로 이용하기 시작했지만, 증가세는 급격하다. 지금까지는 패션잡지와 같은 전통적인 미디어를 이용한 홍보가 주를 이루었는데 잡지를 통한 홍보·마케팅의 가장 큰 장점은 브랜드가 광고의 내용이나 결과를 통제할 수 있다는 점이다. 이는 브랜드 이미지의 가치가 높은 패션브랜드의 입장에서 이미지를 전달할 때 생길 수 있는 왜곡이나 오해의 위험을 사전에 막을 수 있다는 뜻이기도 하다. 하지만 SNS는 앞에서도 언급했듯 양방향 교류가 가능한 특징 때문에, 대상 이미지에 대하여 실시간으로 스토리가 만들어지고 이미지가 구축되는 특성이 있다. 이러한 특성은 브랜드 이미지 관리 통제를 사실상 불가능하게 하는 단점을 가지고 있다. 브랜드의 콘셉트 자체가 대중적이고 캐주얼하다면 이 같은 특성은 굉장한 시너지가 될 수 있겠지만, 소비자층이 제한적이고 폐쇄적인 성향의 명품 브랜드들에게는 전혀 다른 문제가 된다. 하지만 SNS가 소셜미디어의 위치까지 올라왔고, 광고와 홍보에 가장 많이 사용되는 수단이 된 지금의 상황에서, SNS를 활용한 홍보와 마케팅은 더 이상 선택의 문제가 아니다. SNS를 제대로 활용하지 못하면 사업에 부정적인 영향이 생기는 상황에 직면할 가능성이 높다. 그리고 아직 브랜드 이미지를 확고히 구축하지 못했거나, 인지도를 높여야 하는 신규 브랜드나

디자이너들에게는 최소한의 비용으로 자신의 브랜드를 전 세계에 홍보할 수 있는 채널이 생긴다는 이점이 있다.

하지만 모든 패션브랜드가 SNS를 활용한 홍보·마케팅을 열심히 할 필요는 없다. SNS는 비용 대비 우수한 효과를 낸다. 하지만 지속적인 관리가 필요하기 때문에 해당 업무를 전담 관리할 인원이 필요하다. 필요에 따라서는 새로운 인력 충원이 필요하기도 하다. 또 지속적인 관리가 제대로 이루어지지 않으면 브랜드 이미지를 혼란스럽게 할 수 있는 여지가 다분하기 때문에 신중을 기해야 한다. 어떤 전략을 선택할 것인지는 브랜드 콘셉트와 규모 등에 따라 달라지므로 남들이 한다고 해서 무작정 따라 하는 식의 접근은 위험하다.

다음은 SNS를 활용한 광고 홍보 요령을 간략하게 정리해본 것이다.

- **인스타그램을 우선 활용할 것** 오늘날 누가 뭐라고 해도 최고의 SNS는 인스타그램이다. 가장 많은 실제 이용자 수를 가지고 있으며, 접근성과 활용성이 다른 서비스에 비해 월등하다. 인스트그램과 블로그를 연동시킨 온라인 마켓도 활성화되어있으며 다른 서비스에 비해 개인 휴대기기에 최적화된 플랫폼을 가지고 있다.
- **동영상 콘텐츠 제작** 스틸컷 이미지보다 주목성이 월등하다. 대부분의 스마트폰에서 고화질 동영상 촬영이 가능하며 업로드와 재생 역시 어렵지 않다. 다양한 콘텐츠를 만들어 다양한 곳에 소개하자. 특히 유튜브 채널을 만들고 콘텐츠를 업로드하자.
- **선택과 집중** SNS의 종류는 굉장히 다양한데, 한 가지 SNS를 관리·운영하는 것만으로도 많은 시간과 노력이 필요하다. 따라서 굳이 욕심을 부려 모든 SNS를 운영하려고 하지 말자. 오히려 가장 효율적인 서비스를 두 가지 정도로 한정해서 집중적으로 운영하자. 만약 누군가 '지금 어떤 서비스를 활용하고 싶은가?'라고 묻는다면 유튜브와 인스타그램이라고 답할 것이다.

10) 박람회

박람회는 미디어, 디자이너, 학교, 바이어 등 패션산업과 관련된 사람들이 한자리에 모이는 장소이다. 박람회에서는 그들을 직접 만나고 대화를 나눌 수 있으며 연락처를 받을 수도 있다. 신규 브랜드와 디자이너에게는 자신의 브랜드를 알릴 수 있는 좋은 기회가 되며 실제로 상품 수주를 받을 수도 있다. 따라서 미리 제작한 룩북이나 사진, 동영상 등을 준비해서 박람회에 참가하도록 하자. 박람회 정도의 규모는 아니지만 매년 많은 브랜드들이 크고 작은 파티나 전시도 개최하고 있다. 참가의 기준이 제한적이기는 하지만 기준에 부합한다면 가능한 한 꼭 참석하도록 하자.

그림 3-25 라스베가스 〈틴 보그〉 블로거 라운지 행사

11) 패션쇼

전통직인 패션산업의 최고 행사는 바로 패션쇼이다. 세계 유명 도시에서 시즌마다 단 한 번만 개최하는 패션쇼는, 세계 모든 미디어와 바이어가 참가하는 최대 규모의 행사이다. 우리나라에서도 시즌마다 서울컬렉션이 열리고 있는데, 여기에는 기성 디자이너와 신인 디자이너들이 활발하게 참여하고 있다. 재정적인 상황이 열악한 신인 디자이너나 업체들을 위해 '제네레이션 넥스트' 프로그램이 만들어져 있어서, 잠재력 있는 신인들의 참가를 지원하고 있으니 관심이 있다면 알아보도록 하자.

12) 홍보대행사

지금까지 알아본 홍보와 마케팅 방법은 브랜드나 디자이너가 직접 진행해야 하는 것들이었다. 그렇다면 이번에는 외부에 의뢰하는 방법에 대해 알아보도록 한다.

홍보와 마케팅을 직접 진행할 정도의 재정적·운영적 여건이 되지 않는다면 이를 대행해주는 업체에 의뢰하는 것도 좋은 방법이다. 일정 수수료를 매달 지불하거나 건당 책정된 수수료를 지불하는 것인데, 업체는 우리가 직접 알기 힘든 연예 관계자들이나 미디어 등의 연락처를 가지고 있으며 이들과의 유대관계가 친밀하고 무엇보다 다양한 홍보·마케팅 경험이 있기 때문에 의뢰받은 브랜드에 최적화된 홍보·마케팅 방법에 대한 컨설팅이 가능하다는 장점이 있다. 비용 지출이 부담된다면 한두 시즌 진행하면서 그들의 노하우를 익혀 후에 직접 진행하는 것도 좋은 방법일 수 있다.

　　　홍보와 마케팅이 브랜드 운영에서 굉장히 중요한 부분인 것은 틀림없는 사실이다. 하지만 부족한 예산 내에서 홍보·마케팅에 지출하느라 재정 상황을 악화시키는 실수를 저지르지는 말자. 한 번도 들어본 적 없는 브랜드라도 성공적으로 사업을 운영하는 경우를 많이 볼 수 있는데, 이들은 미디어에 끌려다니기보다 상품 기획과 영업에 역량을 집중하는 방법을 택한 것이다. 잊지 말자! 제대로 된 홍보와 마케팅은 잘 만들어진 상품이 있어야만 가능하다.

상품을 기획하는 것은 궁극적으로 이윤 창출을 위해서이다. 그렇기 때문에 모든 기획의 단계에는 항상 숫자가 따라다닌다. '옷만 잘 만들면 잘 팔리고 돈도 많이 벌겠지. 재무, 회계를 꼭 알아야 하나?'라고 생각하는 사람들이 아직 있을까? 혹시, 정말 혹시라도 있다면 정신 차리자. 비즈니스는 장난이 아니다.

'상품 기획, 생산, 판매, 홍보·마케팅', 이 모든 과정과 재무 및 회계 관리를 절대 분리해서 생각하지 말아야 한다. 사실 비즈니스를 하다 보면 자연적으로 이들 관계를 분리해서 생각할 수 없게 된다. 모든 단계에서의 비용의 결과물이므로 당연히 그럴 수 밖에 없는 구조이다. 재무와 회계 관리를 얼마나 꼼꼼하게 했느냐에 브랜드의 재정적 안정성이 좌우된다.

여기서는 초기 자본금의 조달과 효율적 사용, 그리고 운영을 위한 재정적 지원을 받을 수 있는 방법과 이를 위해 필요한 사업계획서 작성, 투자설명회, 그리고 가격 전략 등을 알아보도록 한다.

1) 소요 비용 예측과 관리

처음 사업을 시작할 때는 많든 적든 자본금을 가지고 있을 것이다. 이 자본금을 오로지 상품을 기획하고 생산하는 데 사용할 수는 없다. 회사의 법적 등록에도 비용이 들고, 사무실의 임차보증금과 시설비도 필요하며, 시장 및 소비자 조사에 드는 리서치 비용이나 마케팅 자료(라벨, 태그, 웹사이트) 제작에도 돈이 들기 마련이다. 또한 초기 지출 금액 전부를 제외하고서도 대략 6개월에서 1년 정도의 기간 동안 아무런 수입이 없어도 운영이 가능할 정도의 여유 운영자금도 필요하다. 상품을 기획하고 시장에 출시해서 첫 번째 수입이 들어오기까지 아무리 보수적으로 계산해도 최소 3개월 여의 시간이 필요하고, 혹시라도 판매가 잘되지 않는다면 수입이 생기기까지 그 이상의 시간이 걸리기도 한다. 적어도 안정적인 수입이 들어오기 전까지 브랜드를 운영할 수 있는 자금이 필요하다. 이를 운영자금 혹은 운전자금이라고도 하는데 사무실 임대료, 각종 관리비, 인건비, 세금 등이 이에 해당된다. 따라서 자신의 전체 자본금 안에서 우선순위와 계획을 잘 세워 지출 비용을 배분해야 한다.

그림 3-26 헬싱키 디자인포럼 '프레쉬 & 패션!' 참가 디자이너(2012)

2) 예상 수익 예측과 관리

기간의 차이와 금액의 차이만 있을 뿐, 정상적으로 상품을 기획하고 유통망에 진출했다면 반드시 수입은 생기기 마련이다. 따라서 자금 운용계획을 세울 때 현재 보유하고 있는 금액뿐만 아니라 향후 들어올 예상 수익도 계획에 포함해야 한다. 하지만 예상 수입을 예측하기란 굉장히 어려운 일이다. 상품이 얼마나 팔릴지 예측 가능하다면 이보다 쉬운 사업이 있을까? 그렇다면 어떤 식으로 수익을 예상할 수 있을까?

대표적으로는 비슷한 상황에 놓인 경쟁 브랜드들의 판매 동향이나 수익을 비교해서 예상 수입을 예측하고, 자신의 자본금에 대입해서 향후 지출과 수입이 어느 정도로 이루어져야 하는지를 예측하는 방법이 있다. 브랜드에 따라 자체적으로 준비한 자금만으로 초기자본의 전체를 충당하는 경우도 있고, 자체 자금과 함께 금융기관의 대출받아 시작하는 경우도 있을 것이다. 대출을 받은 금액을 차입금이라고 하는데, 차입금에는 매달 지불해야 하는 이자와 원금이 존재한다. 이역시 운영을 위한 지출 비용에 포함되기 때문에 반드시 자신의 재정 계획에 포함시켜 어려움을 겪지 않도록 해야 한다. 차입금이 꼭 나쁜 것은 아니다. 상품의 경쟁력이 탁월하고 생산속도가 판매속도를 따라잡지 못할 정도로 판매가 잘되어서 추가 생산이 급하게 필요한 상황에서 자금이 부족하다면 어떻게 할까? 판매 수익금이 정산되어 브랜드로 들어오기까지 무작정 기다려야 할까? 일정 수준의 이자를 지불하더라도 그 이상의 이윤을 창출할 수 있다는 확신이 있다면, 대출을 받아 그 기회를 놓치지 말아야 한다. 차입금은 잘만 활용하면 브랜드 규모를 한 단계 키워주는 디딤돌 역할을 하게 된다.

3) 자금의 확보

최근 정부와 여러 지자체의 창업 및 운영자금 지원 제도가 많이 생겼다. 대부분 시중 은행의 대출 이자에 비교해서 매우 낮은 금리로 자금을 빌려주고 장기간에 걸쳐 상환을 할 수 있도록 제공하고 있는데, 초기에 자금이 부족한 이들은 이를 꼭 알아보기를 권장한다. 자본금은 항상 넉넉하게 준비해야 상품 기획에도 자신감이 생긴다. 안정적인 운영 자금을 확보해서 상품 기획과 출시에 차질이 없도록 하자. 관리가 가능한 한도 내에서 최대한 자금을 확보하도록 하자.

4) 사업계획서

사업계획서는 기관이나 개인에게 재정적인 지원을 받기 위해서 작성하며, 각종 지원사업에 지원할 때도 필요한 것으로 자신의 사업계획을 구체적으로 작성해서 투자자나 지원사업 심사자의 신뢰를 얻을 수 있어야 한다. 사업계획서상의 내용은 간결하면서도 사업계획을 분명하게 설명하는 것이어야 한다. 모든 데이터에는 오차가 없어야 하며, 보는 이가 정교하게 작성되었다는 인상을 받도록 해야 한다. 사업계획서에 반드시 들어가야 하는 내용과 유의사항을 정리하면 다음과 같다.

(1) 표지
"보기 좋은 떡이 맛도 좋다"는 우리 속담이 있다. 패션은 이미지가 전부인 산업이다. 사업계획서는 프로페셔널하고 정교하게 작성되어야 한다. 그렇지만 진부해 보이면 안 된다. 브랜드의 콘셉트와 이미지를 잘 전달할 수 있는 시각적인 부분들도 포함되어야 한다. 사업계획서의 표지를 잠깐 살펴보는 것만으로도 그 안의 내용이 보고 싶어지도록 매력적인 표지를 만들어야 한다. 표지는 너무 구체적일 필요가 없다. 먹음직스러운 음식을 보면 군침이 나오는 것처럼, 표지는 그 정도의 느낌을 주는 역할만 담당하면 그만이다. 굳이 사업계획서에서 보여줄 내용까지 넣을 필요는 없다. 내용이 많아지면 오히려 산만해지는 법이다.

(2) 사업목적
이 부분은 글쓰기의 서론 부분이라고 이해하면 된다. 사업계획서 전체의 내용을 간추려서 넣어주고 이 브랜드가 추구하는 궁극적인 목적과 가능성을 보여주어야 한다. 자신만의 브랜드 철학을 넣는 것도 나쁘지 않다.

(3) 사업 개요
사업 개요에는 브랜드만의 마케팅 전략과 시장 조사 분석 내용의 정리가 들어가야 한다. 소비자와 경쟁 브랜드에 대한 조사 분석 내용은 반드시 넣어야 한다. 사업을 위한 사전 조사 작업이 철저하게 이루어졌다는 인상을 주어야 신뢰도가 높아진다. 브랜드의 현황과 향후 계획(인력 운용, 자금 조달 등)도 들어가야 한다. 무엇보다 중요한 것은 SWOT 분석이 포함되어야 한다는 것이다.

(4) 재무계획
자본금의 출처에 대한 현황과, 이미 차입한 자금이 있다면 전체 차입금액의 규모와 상환조건을 상세히 기재해야 한다. 이는 투자자들이 브랜드가 안정적으로 수입과 지출을 관리할 수 있는 능력이 있는지를 판단할 수 있는 중요한 자료로 활용된다. 이를 속이거나 누락하면 투자자의 브랜드에 대한 신뢰도가 심각하게 훼손될 것이다. 만약 현재 이미 수입이 생기고 있다면 현황과 유통망도 상세히 작성하도록 하자. 그리고 예상 대차대조표, 손익분기점 분석 자료도 최대한 정교하게 작성해서 기입하도록 한다. 추정 손익계산서, 즉 추정 예상 수익에 대한 내용도 들어가야 하는데 향후 최소 3년 여의 예측 가능한 추정 수익을 월 단위로 구체적이고 상세하게 기록한다. 마지막으로 즉시 출금 가능한 유동성 자금의 현황도 정리해서 넣도록 하자.

(5) 증빙자료

브랜드의 재무재표 현황(거래하고 있는 세무사가 있다면 작성을 의뢰), 사업장의 임대계약서, 사업자등록증, 대표자 이력서, 언론에 노출된 기사나 사진 자료, 현재 상품을 전개하고 있는 거래 업체와의 계약서 등을 별첨하면 사업계획서의 신뢰도를 높여주는 객관적인 증빙자료로 활용될 수 있다.

(6) 사업계획서 작성 요령

사업계획서 샘플은 인터넷이나 정부나 지자체에서 운영하는 창업지원센터 등에서 얻을 수 있다. 학생들은 자신이 다니고 있는 창업 관련 지원센터에 문의하면 상세한 안내를 받을 수 있다. 사업계획서는 어떠한 양식을 사용해도 무방하나, 앞에서 소개한 내용이 반드시 들어갈 수 있는 양식을 선택하도록 한다. 사업계획서는 앞으로 이 브랜드가 어떤 마음가짐과 준비를 해서 사업에 임하겠다는 계획을 밝히고 지원을 요청하는 내용을 담는 것이다. 구체적인 내용 소개에 앞서 자신의 각오를 솔직하게 적고 앞으로의 각오를 밝히고 시작하는 것도 좋은 방법이다. 이미 사업계획서를 제출해서 재정 지원을 받아본 경험을 가진 사람이 주변에 있다면, 그들에게 부탁해서 사업계획서를 검토해달라고 하자.

사업계획서 작성 시에는 문법에 맞지 않는 단어 사용이나 오탈자 등 기본적인 것에 절대 실수가 있어서는 안 된다. 한 개의 오류라도 보는 이의 관점에 따라 사업계획서 전체의 신뢰도에 의문을 품게 하기도 한다. 지원을 받으러 관련 기관이나 업체를 찾아다녀보면, 자신의 사업적 역량이나 브랜드의 지속 가능한 운영능력, 지원금 상환능력을 보여줄 수 있는 추정 현금흐름표를 제출하라는 요구를 받게 될 수도 있다. 이때 절대 거창하게 작성해서는 안 된다. 냉정하고 현실적으로 예상 수치를 작성하고 객관적인 증명이 가능한 서포팅 자료가 있다면 요구받지 않았더라도 첨부하도록 한다. 그리고 각 숫자가 의미하는 것이 무엇이고, 만약 예상했던 수익의 흐름이 이어지지 않을 때 어떤 상황이 올 수 있으며 이에 어떻게 대처하겠다는 구체적인 계획도 반드시 밝혀야 한다. 단돈 만 원도 아무런 대가 없이 남에게 주는 사람은 없다. 하물며 수천·수억 원의 자금을 지원받기 위해서라면 더 이상 무슨 말이 필요하겠는가?

(7) 투자설명회

비교적 규모가 큰 사업에 많이 사용되는 방법이다. 프랜차이즈 사업 방식에 주로 사용된다. 여기서는 다수의 잠재 투자자를 대상으로 사업의 당위성과 가능성을 보여주어 그들에게서 투자를 이끌어내는 요령 몇 가지를 소개하도록 하겠다.

분위기를 주도할 것

먼저 자신의 브랜드에 대한 열정과 확신을 보여준다. 설명회가 진행될 때는 내내 밝고 활기찬 분위기가 이어질 수 있도록 한다. 단 1%의 부정적인 분위기도 안 된다. 소요되는 시간은 최대 30분을 넘기지 않도록 해야 한다. 길어지면 듣는 이가 집중력을 잃고 사업에 의문을 갖는 역효과를 가져올 수 있다. 기본적인 정보는 정확하게 전달해야 하며 해당 분야에 전문적인 지식이 없는 투자자들을 배려해서 어려운 내용은 모두 쉽게 풀어 설명할 수 있도록 미리 준비한다. 또 일방적인 설명회가 되지 않도록 한다. 투자자들에게 질문이 나오도록 만들고 질문을 주고받으면서 설명회의 열기가 지속적으로 달아오르게 한다.

분명한 사업 내용 전달

난해한 전문용어를 남발하고 업계에서만 통용되는 단어들을 사용해서는 절대 안 된다. 가능한 한 이해하기 쉬운 표현과 표준어로 모든 내용을 정리해서 사용하며 브랜드의 가치, 상품의 특징, 소비자, 시장 진입 전략 등에 대해서 진지하고 구체적으로 설명하도록 한다. 나와 회사 직원들의 역량과 모두의 이력을 소개해서, 구성원 모두에 대한 신뢰도를 높이는 것도 중요하다. 브랜드 구성원에 대한 신뢰도가 바로 회사에 대한 신뢰도이다. 브랜드의 긍정적인 미래에 대한 계획을 자신감 있게 소개하자. 물론 너무 흥분해서 사기꾼으로 오해하게 만들면 안 된다. 투자자들에게 내가 시장과 현실을 냉정하게 바라보고 있다는 인상을 받도록 해야 한다.

5) 가격 전략

상품가격을 정하는 방법에 대해서는 앞에서 이미 다루었다. 여기서는 그것에 대해 좀 더 구체적으로 알아보고자 한다.

그림 3-27 패션몰에 입점한 브랜드들

　　　　가격을 정할 때 원가에 직접적으로 영향을 미치는 것을, 우리는 직접비용이라고 한다. 직접비용을 이루고 있는 요소들의 계산법은 간단하다. 원부자재 조달비과 봉재공임을 합한 후 전체 생산수량으로 나누면 된다. 그렇다면 이게 원가의 전부인가? 그렇지 않다. 옷에 부착되는 라벨, 원단과 부자재의 운송이나 매장에 상품을 출고시킬 때 사용되는 배송비용, 사업장의 임차료, 차입금의 대출 이자 등등 굉장히 많은 비용이 판매 가격 결정을 위한 원가 산정에 포함되어야 하는데 계산이 굉장히 복잡하다. 몇몇 브랜드는 이 같은 간접비를 무조건 생산원가(원부자재, 공임 등)의 30%로 계산해서 원가에 반영시키기도 하는데, 이 공식이 어디에서 나온 것인지는 정확히 알 수 없지만 실제로 계산해보면 황당하게도 대략 맞아떨어진다. 이렇게 계산하다 보면 생산원가 계산은 간단할지 몰라도 낭비되는 비용을 계산해서 줄이거나 향후 생산을 위해 필요한 금액을 책정할 때 어려움을 겪게 된다. 그래서 제대로 된 재정과 회계를 관리하는 브랜드에서는 제품원가명세표라는 양식을 만들어 사용하는데, 제품원가명세표는 원가에 반영되어야 하는 항목을 일목요연하게 정리해서 넣어놓은 양식이다. 조금씩 다를 수 있겠지만 기본적으로 제품원가계산명세표에는 메인원단, 배색원단, 안감, 심지, 단추, 지퍼, 봉사, 메인라벨, 케어라벨, 트리밍, 패턴, 그레이딩, 봉제, 운반비(박스, 포장재, 행거, 태그, 기타)가 들어가야 한다.

(1) 원가계산법

재킷 한 장의 패턴을 만들고 사이즈 그레이딩하는 데 20만 원이 들어간다고 가정해보자. 만약 한 장만 만들 예정이라면 20만 원 전부가 비용에 들어간다. 50장을 생산한다고 가정한다면? 20만 원을 50으로 나누면 원가가 계산된다. 패턴과 그레이딩은 한 장을 생산하든 100장을 생산하든 한 번만 비용이 들어간다. 생산의 양이 늘어나면 늘어날수록 생산 원가도 낮아진다는 계산이 나온다.

　　도매와 소매 판매를 목적으로 할 때의 판매 가격 계산법은 달라지기 마련이다. 판매 대상이 다르기 때문에 도매 소비자들에게는 소매 재판매가 가능할 정도의 공급가격을 정해야 한다. 도매 소비자들에게 소매가격을 책정해서 공급한다면 소매 재판매가 어려울 수 있다. 보통 브랜드에서는 소매 판매를 위한 가격을 결정할 때 적게는 2배수부터 많게는 5배수 정도의 마크업을 적용한다. 만약 3배수로 마크업을 잡았다면 각 1/3씩이 직접비, 간접비, 이윤이 된다. 배수가 늘더라도 직접비와 간접비 그리고 이윤의 비중이 동일하게 늘어나는 것이 아닌, 이윤의 비중이 훨씬 높아지게 된다. 도매는 보통 원가의 150%나 170% 정도의 마크업을 잡아서 공급하는데, 단순히 생각해보면 너무 이윤이 적다고 생각할 수 있겠지만 도매 소비자들은 주문량이 많고 상품 판매가 여러 지역에서 이루어지며, 지속적인 거래로 이어지기 때문에 단순히 마크업이 적다고 해서 이윤을 내지 못하는 것은 아니다.

(2) 마크업과 마진책정법

마크업(Mark-up)은 상품의 판매 가격을 정하는 공식이고 마진은 판매 이윤을 말하는 것이다. 배수라고도 하는 마크업은 일정한 배율로, 원가에 마크업을 곱하면 판매 가격이 산출된다. 원가 10만 원에 판매 가격을 30만 원으로 정했다면 마크업은 3배수가 된다. 마진은 판매 가격에서 원가를 제외한 금액을 말하는 것으로 이윤과 같은 뜻이다. 30만 원의 판매 가격으로 판매했을 때 마크업이 3배수라면 이윤은 10만 원이 되고, 여기에 간접지출 비용을 제한 최종 숫자가 순이익이 된다.

　　판매 가격을 모든 상품에 일괄적으로 적용할 필요는 없다. 필요에 따라 최소 마크업과 최대 마크업의 배수 폭을 정해서 그 안에서 유동적으로 적용하는 전략이 필요하다.

(3) 부가가치세와 소득세

부가가치세와 소득세는 내가 벌어들인 소득 중 국가에 내야 하는 세금을 말한다. 부가가치세는 간접세로 분류되고 소득세는 직접세로 분류된다. 가격을 책정할 때는 부가가치세와 소득세도 반드시 생각해야 하는데, 특히 부가가치세를 이해하는 것이 중요하다.

모든 상품은 판매 가격이 책정되는 순간 자동으로 해당 가격의 10%가 부가가치세로 책정된다. 예를 들어 10만 원짜리 상품이 소비자에게 판매된다면 신용카드로 결제하는 동시에 10만 원의 10%가 자동으로 부가가치세로 적용되어 세금으로 납부된다. 부가가치세는 각 나라마다 다른 비율로 적용되는데 일본은 10%, 영국은 상품 가격의 무려 20%가 부가가치세로 납부되도록 설계되어있다. 쉽게 설명하면 10만 원짜리 티셔츠를 팔면 모든 직·간접 원가를 제외하고 남는 이윤 중에 다시 20%의 금액이 추가로 없어지는 것이다. 엄밀히 따져서 부가가치세 금액은 브랜드의 수입이 아니다. 소비자가 낸 세금을 대신 받아 다시 국가에 전달해주는 것이니 정부의 수입이 되는 것이다. 그런데 매출 규모가 클수록 납부해야 하는 부가가치세의 규모도 함께 커지기 때문에 이를 납부하지 않으려고 각종 탈법을 저지르기도 하는데, 이는 절대 해서는 안 되는 일이다. 또 판매의 근거 자료를 남기지 않도록 현금으로만 거래하는 것 역시 불법이다. 현금으로 거래하더라도 현금영수증을 반드시 발행하도록 하자. 적발되면 엄청난 벌금을 내야 하기 때문에 브랜드에 큰 위협이 될 수 있다. 하지만 합법적으로 부가가치세를 줄일 수 있는 방법도 많다. 이에 관해서는 믿을만한 세무사와 지속적으로 거래하면서 세무 관련 도움을 받아 불필요한 지출이 일어나지 않도록 하자.

패션회사의 업무 영역 중에서는 상품 기획의 비중이 제일 크지만, 다양한 재무와 회계 관련 업무의 비중도 적지 않다. 재무와 회계는 고도의 전문적인 지식이 필요하기 때문에 별도의 담당자를 배치하거나 대표자 스스로 챙기는 것이 바람직하다. 규모가 큰 브랜드에는 경영지원팀이라는 이름으로 관련 업무를 처리하는 담당자들이 배치되어있으며, 소규모 브랜드와 디자이너들은 본인이 직접 챙기거나 머천다이저가 해당 업무를 담당하기도 한다. 패션에 관련된 공부를 하는 여러분은 머천다이저가 어떤 일을 하는 직군인지 잘 알 것이다. 그런데 머천다이저도 업무 영역에 따라 크게 다음과 같이 기획머천다이저, 생산머천다이저, 영업머천다이저로 구분된다.

기획머천다이저

상품 기획의 초기 단계부터 관련되어 전체 상품의 기획 업무를 담당하고 상품의 매출 규모 파악과 예측, 물량의 결정과 운용 등에 필요한 업무를 담당한다. 회사의 자금 운용을 관리하고 집행하는 업무를 담당하기도 한다.

생산머천다이저

기획된 상품의 생산을 담당하는데 샘플 제작 단계에도 관여하게 된다. 원단과 부자재의 발주와 입고 등의 업무를 진행하며 원단과 부자재가 효율적으로 관리되고 있는지, 생산된 제품의 품질은 항상 일정한지 관리한다.

영업머천다이저

생산이 완료된 상품의 판매 영역을 담당한다. 유통망 관리, 매출 계획의 수립과 달성, 매장별 상품 배분, 추가 생산 여부 결정, 판매 분석 등의 업무를 한다. 영업 현장의 의견들을 받아들여 상품 기획에 적용될 수 있도록 판매와 기획의 중간다리 역할도 한다.

패션상품 기획과 브랜딩을 다룬 이 장에서는 상품의 기획 초기 단계부터 브랜드를 런칭해서 운영하는 전 과정을 다루어 실제로 자신의 브랜드를 런칭하고자 하는 이들에게 도움이 될 수 있는 내용으로 채워질 수 있도록 했다. 완벽하게는 아닐지라도 브랜드 런칭에 꼭 필요한 부분들은 모두 정리하여 넣었으니 많은 도움이 되었으면 하는 바람이다. 여기서는 디자이너보다는 머천다이저의 시각으로 상품 기획 프로세싱을 다루었기 때문에, 앞의 내용과 중복되더라도 다른 관점에서 쓰인 것이므로 두 내용을 비교해가면서 읽으면 도움이 될 것이다.

그림 3-28 영국 살포드대학과 닥터 마틴의 '하우 투 웨어' 캠페인 이미지

Index
찾아보기

저자 소개

이영재 |

이화여자대학교 의류직물학과 가정학사
이화여자대학교 디자인대학원 패션디자인전공 미술학석사
경희대학교 대학원 의상학과 이학박사
Fashion Institute of Technology, New York, Course Work
(주)영원무역 스포츠웨어 디자이너
동명대학교 조형학부 패션디자인학과 조교수
한양대학교 디자인대학 주얼리패션디자인학과 교수
Bridgeport of Univ C.T, USA, Inviting Professor
제11회 세계장애인기능올림픽대회 양장부문 기술위원 및 심사위원장
행정자치부 자치경찰 복제개발 연구용역 책임자
산업자원부 섬유패션기술향상사업 평가위원
중국 디쌍그룹 여성복 패션기획 책임자
경기도 전국체전 유니폼 용역 심사위원장
우정사업본부 유니폼 용역 심사위원장
(사)한중패션산학협회 회장

김민지 |

홍익대학교 미술대학 회화과 미술학사
홍익대학교 의상디자인학과 미술학석사
홍익대학교 디자인 공예학과 의상학 미술학박사
Absolute Textile Inc, USA. 디자이너
Terra Mila, USA 디자이너
더 브레싱 브라이드 아트 디렉터
패션 브랜드 벙커 대표
한양대학교 디자인대학 주얼리패션디자인학과 겸임교수
상지대학교 예술체육대학 생활조형디자인학과 조교수
세종대학교 예체능대학 패션디자인학과 겸임교수

박한힘 |

영국 킹스턴대학교 예술&건축대학 패션디자인학사
영국 킹스턴대학교 예술&건축대학 산업패션디자인석사
연세대학교 대학원 생활디자인학과 패션디자인전공 디자인학박사
(주)우성l&C BON 사업부 선임디자이너
디자인워커스 크리에이티브 디렉터 및 대표
계명대학교 미술대학 디자인학부 패션마케팅학과 조교수

Do it Fashion

2019년 3월 11일 초판 인쇄 | 2019년 3월 18일 초판 발행

지은이 이영재·김민지·박한힘 | **펴낸이** 류원식 | **펴낸곳 교문사**

편집부장 모은영 | **책임진행** 이정화 | **디자인** 황순하 | **본문편집** 벽호미디어

제작 김선형 | **홍보** 이솔아 | **영업** 이진석·정용섭·진경민 | **출력·인쇄** 동화인쇄 | **제본** 한진제본

주소 (10881) 경기도 파주시 문발로 116 | **전화** 031-955-6111 | **팩스** 031-955-0955

홈페이지 www.gyomoon.com | **E-mail** genie@gyomoon.com

등록 1960. 10. 28. 제406-2006-000035호

ISBN 978-89-363-1834-5(93590) | **값** 19,500원